초보자를 위한

한국나비 생태 도감

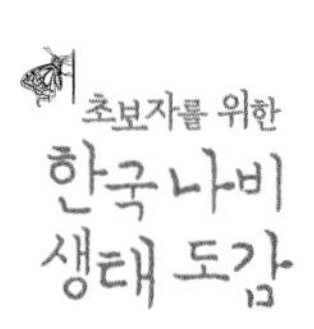

펴낸날 2022년 10월 14일 초판 1쇄
지은이 오해룡
만들어 펴낸이 정우진 강진영 김지영
꾸민이 Moon&Park(dacida@hanmail.net)
펴낸곳 (04091) 서울 마포구 토정로 222 한국출판콘텐츠센터 420호 도서출판 황소걸음
편집부 (02) 3272-8863
영업부 (02) 3272-8865
팩　스 (02) 717-7725
이메일 bullsbook@hanmail.net / bullsbook@naver.com
등　록 제22-243호(2000년 9월 18일)
ISBN 979-11-86821-77-0 06490

황소걸음
Slow&Steady

정성을 다해 만든 책입니다. 읽고 주위에 권해주시길…
잘못된 책은 바꿔드립니다. 값은 뒤표지에 있습니다.

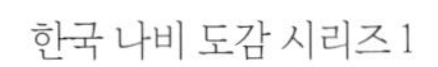

한국 나비 도감 시리즈 1

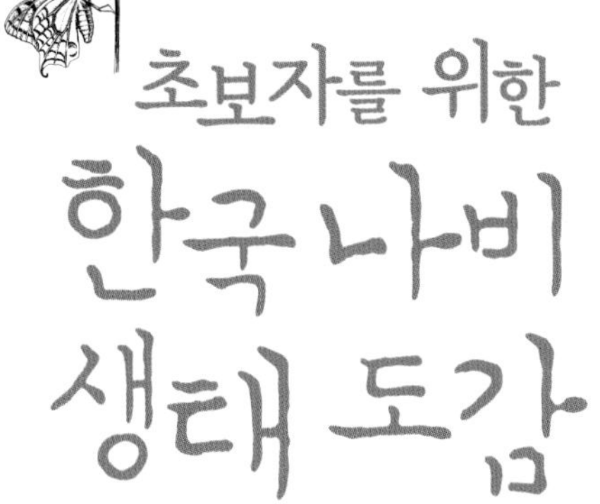

초보자를 위한 한국나비 생태도감

글과 사진 오해룡

황소걸음
Slow & Steady

일러두기

1. 우리나라 나비 중 미기록 3종과 아종 2종을 포함해 총 220종을 실었습니다.
2. 사진은 주로 국내에서 찍었습니다. 나비 한살이는 사육하며 촬영했고, 국내 촬영이 어려운 종은 중국 옌벤과 백두산 등지에서 찍은 사진을 실었습니다.
3. 종명과 국명은 '국가 생물종 목록'(환경부 국립생물자원관, 2019)과 《한반도의 나비》(지오북, 2021)를 따랐습니다.
4. 먹이식물은 나비가 선호하는 3종, 같은 과 식물 중 가장 선호하는 식물, 동정이 어려운 경우 과명만 기재했습니다(예 : 사초과 식물).
5. 사진은 어른벌레의 날개 아랫면과 윗면의 무늬가 잘 표현된 것을 주로 실었으며, 오른쪽에는 나비의 알, 애벌레, 번데기 순으로 배치했습니다.
6. 비슷한 종은 비교하기 쉽게 가까이 두느라 국가 생물종 목록의 순서가 바뀐 종도 있습니다.
7. 나비 동정에 도움이 되도록 과나 속 끝에 '동정 키포인트'를 뒀습니다.
8. 도감에 나오는 기호 설명입니다.

   저자가 관찰한 나비의 개체 수와 빈도를 종합한 주관적인 내용입니다.

   ★ 전국 어디서나 흔히 볼 수 있는 나비.

   ★★ 지역별 · 시기별로 볼 수 있는 나비.

   ★★★ 특정 지역에서 볼 수 있으나, 비교적 보기 어려운 나비.

   ★★★½ 별 3개보다 조금 더 보기 어려운 나비.

   ★★★★ 지역적으로 볼 수 있으나, 운이 따라야 보는 나비.

   ★★★★½ 아직 국내에 서식하나, 보기 매우 어려운 나비.

   ★★★★★ 최근 10년 이상 국내에서 보지 못한 나비.

   현재 나비의 감소 추세를 나타냅니다. 급격히 감소하는 종은 빨간색, 중간 단계는노란색, 아직 많이 볼 수 있는 종은 초록색입니다.

   1년간 어른벌레가 발생하는 횟수입니다.

   월동하는 나비의 상태 표시입니다.

   애벌레의 먹이 종류 표시입니다.

용어 설명

- 1화 : 어른벌레가 연 2회 이상 발생하는 경우, 첫 번째 발생하는 어른벌레를 1화, 두 번째 발생하는 어른벌레를 2화라고 합니다.
- 봄형 : 어른벌레가 2회 이상 발생하고, 계절별로 차이가 많은 종 가운데 봄철에 나오는 어른벌레를 봄형이라고 합니다.
- 여름형 : 어른벌레가 2회 이상 발생하고, 계절별로 차이가 많은 종 가운데 여름철에 나오는 어른벌레를 여름형이라고 합니다.
- 가을형 : 어른벌레가 2회 이상 발생하고, 계절별로 차이가 많은 종 가운데 가을철에 나오는 어른벌레를 가을형이라고 합니다.
- 월동형 : 겨울나기를 하는 어른벌레를 월동형이라고 합니다.
- 소멸 : 나비가 국내 기후에 적응하지 못해 알을 낳지 못하고 죽는 경우입니다. 특히 따뜻한 지역에서 날아와 겨울에 얼어 죽는 나비가 많습니다.
- 산지성 : 산지의 높은 곳을 좋아하는 나비의 성질을 뜻합니다.

머리말

나비에 미치다

나비와 인연을 맺은 지 30년이 지났다. 비 오는 날이면 우산을 쓰고, 눈 내리는 날이면 눈을 맞으며 나비를 찾았다. 1년 365일 중 250일 넘게 나비를 찾아다녔다. 아무리 힘들어도 나비를 만나면 그저 좋았고 하루하루 나비의 생태를 알아가는 즐거움에 마냥 행복했다. 이런 내 모습을 오랫동안 지켜본 지인들은 "나비가 지겹지도 않냐?"며 핀잔을 주지만 나비를 만나러 간다는 생각만 해도 행복한 걸 어쩌랴!

내 인생은 나비를 알고부터 완전히 달라졌다. 들로, 숲으로, 산으로 나비를 찾아다닌 시간은 내 삶이자 소중한 자산이다. 자료를 정리하며 글 쓰다 보니 끼니를 놓치고 탈진해서 계곡에 주저앉아 서글퍼한 기억, 평소 보지 못한 나비를 쫓다가 죽을 뻔한 기억이 새삼스럽게 떠오른다.

나비를 많이 안다고 자부해도 아는 것보다 모르는 게 많다. 오랜 기간 나비를 연구하면서 나비 찾는 노하우나 경험이 쌓였지만, 여전히 나비를 만나기는 쉽지 않다. 언제부터인가 우리 주변에서 나비가 사라져간다. 예전에는 서식지 개발 때문에 일부 지역에서 나비가 사라졌으나, 지금은 기후변화 영향으로 광범위한 지역에서 나비가 사라진다. 이 책 발간을 서두른 이유 중 하나다.

맛있는 음식을 먹거나 경치가 아름다운 곳에 가면 가족이나 사랑하는 사람이 생각나는 것처럼 나비 보는 일도 그렇다. 늘 혼자서 나비를 찾다 보니 이 행복을 공감하는 친구들이 많으면 더 좋겠다는 생각이 들었다. 희귀하거나 보고 싶던 나비를 처음 만났을 때, 세상 어디엔가 이 기쁨을 함께할 사람이 있으면 얼마나 좋을까 싶었다.

그러다가 네이버 커뮤니티 '풍게나무숲'을 만났다. 이 커뮤니티는 혼자 나비를 찾고 동정 때문에 고민하던 내게 '나비'라는 공통분모가 있는 이들을 만나게 해줬다. 이곳에서 공감하는 친구들을 만난 게 큰 행운이었다. 이들과 나비를 보기 위해 일정을 잡고, 보고 싶은 나비 탐사를 하면서 부지런히 전국을 돌아다녔다. 마음에 맞는 이들과 나비를 보러 다니니 혼자 가는 것보다 든든했다. 이들은 지금도 내 나비 공부의 듬직한 동반자이자 한결같은 후원자들이다. 이들과 부대끼다 보니 혼자 다닐 때는 미처 보지 못한 게 하나씩 눈에 들어왔고, 나비를 생각하는 폭도 더 넓어졌다. 언젠가 '과학은 혼자 하는 것이 아니라 함께 하는 것이다'라는 글을 읽은 적이 있다. 이 친구들과 내 인연을 생각하면 그동안 나비 공부를 한 게 헛되지 않았음을

느낀다.

나비 도감 시리즈를 준비하면서 크게 세 가지로 방향을 잡았다. 첫째, 나비를 처음 대하는 사람들이 쉽게 이해할 수 있도록 돕는 책이다. 우리나라에 나비 도감은 많지만, 일반인이 현장에서 활용할 만한 자료는 별로 없다. 둘째, 나비 애벌레를 중심으로 다룬 책이다. 그동안 나온 도감은 대부분 어른벌레 위주이다 보니 애벌레를 확인하고 점검할 책이 없다. 셋째, 그동안 전국에서 채집한 나비 표본을 중심으로 기획했다. 가장 일반적인 도감 유형이며 널리 알려진 전통적인 방식이다.

이번에 펴내는 《초보자를 위한 한국 나비 생태 도감》을 비롯한 한국 나비 도감 시리즈에는 30년 남짓 나비와 함께 살아온 내 인생이 오롯이 담겨 있다. 어떤 나비는 바로 만날 수 있지만, 어떤 나비는 10년 넘게 찾아다녀도 만나지 못하는 경우가 있다. 정확한 생태를 알기 위해 나비를 키우면서도 이해가 잘 안 가거나 확인이 필요한 경우 몇 차례나 키우기도 했다. 여전히 부족한 점이 많다. 행여나 도감에 실린 정보가 잘못됐거나 의견이 다른 분들이 있다면, 풍게나무숲에서 부족한 점을 바로잡고 의견을 나누고 싶다.

마지막으로 자료를 정리하면서 생각나는 분이 많다. 항상 좋은 말씀과 정신적인 지주가 돼주신 김현채 선생님, 구몬 다카시 선생님, 김종만 원장님, 이대암 관장님께 감사드린다. 오랜 기간 함께 나비를 연구한 박상규 님, 박종세 님, 심은산 님, 황규하 님, 정우정 님이 베풀어준 우정에도 깊이 감사드린다.

이 도감이 세상에 나올 수 있도록 귀한 사진을 선뜻 내준 분들의 귀한 마음 씀씀이에도 고개를 숙인다. 이상일 님, 박근식 님, 조미경 님, 구준희 님, 오현석 님, 조윤재 님, 이지은 님, 최주희 님, 이동욱 님, 공은택 님, 김준철 님, 이은용 님, 유영순 님, 박영욱 님, 고춘선 님의 배려가 없었다면 이 도감은 빈약할 뻔했다. 감사할 따름이다.

미처 언급하지 못했으나 이 도감이 나올 수 있도록 믿고 격려해주신 분이 많다. 그분들의 정성과 마음이 없었다면 나는 버틸 수 없었을 것이다. 부족한 점이 많은 내가 도감을 펴낼 수 있도록 보이지 않는 곳에서 힘을 주신 분들께도 감사의 말씀 올린다.

이 도감은 내 나비 공부의 마지막이 아니라 나비 세계로 내딛는 한 걸음이고, 나비를 만나는 본격적인 여행의 시작이다. 많은 분이 이 도감을 통해서 내가 발견한 그 멋진 세계로 나갈 수 있기 바란다. 어느 날 우연히 나비 탐사를 다니다가 이 도감을 들고 있는 누군가를 만나면 그처럼 반가운 일이 없을 것 같다.

2022년 가을

오해룡

차례

팔랑나비과

한국 나비 미기록종

나비의 천적

호랑나비과

애호랑나비

★★★

Luehdorfia puziloi (Erschoff, 1872)

연 1회

번데기

족도리풀, 개족도리풀

짝짓기 : 수컷(왼쪽), 암컷(오른쪽) (2014.04.05 충북 음성군 생극면)

암컷(2020.04.15 경기 남양주시 축령산)

수컷(2021.04.25 강원 평창군 대덕사)

제주도와 울릉도를 제외한 전역에 분포한다. 진달래꽃이 필 무렵 나타나는데, 먹이식물인 족도리풀이 자라는 높은 산에서 만날 수 있다. 붉은 꽃에 잘 날아들며, 화창한 봄날 오전 11시~오후 2시에 왕성하게 활동한다. 산꼭대기로 올라가는 습성이 있다. 알은 계곡 주변 그늘진 곳에 있는 족도리풀 잎 아랫면에 낳는데, 주로 활짝 핀 잎보다 접혀서 올라오는 새순에 낳는다.

출현 시기 | 1월 | 2월 | 3월 | **4월** | **5월** | **6월** | 7월 | 8월 | 9월 | 10월 | 11월 | 12월

모시나비

★

Parnassius stubbendorfii Ménétriès, 1849

연 1회

알

현호색, 들현호색, 점현호색

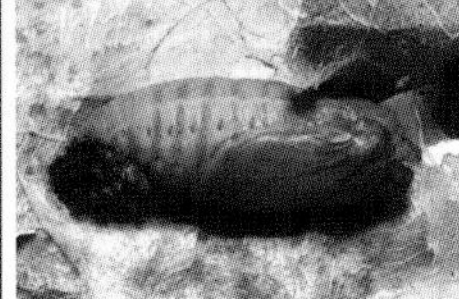

짝짓기 : 암컷(위), 수컷(아래) (2020.05.01 강원 춘천시 남면 가정리)

암컷(2019.05.17 강원 홍천군 서석면 어론리)

수컷(2020.05.20 강원 춘천시 남면 가정리)

제주도와 울릉도를 제외한 전역에 분포한다. 주로 산과 가까운 풀밭이나 저수지 둑에서 보이고, 여러 종류 꽃에 날아든다. 수컷은 오전 10시 무렵부터 활발하게 활동하며 암컷을 찾아다닌다. 암컷 개체 수가 적어서 갓 날개돋이 한 암컷을 찾아다니기 때문이다. 애벌레는 현호색 주변에 숨어 지낸다. 잎을 갉아 먹은 흔적이 있는 현호색 주변 낙엽이나 돌을 살펴보면 찾을 수 있다.

출현 시기 | 1월 | 2월 | 3월 | **4월** | **5월** | **6월** | 7월 | 8월 | 9월 | 10월 | 11월 | 12월

붉은점모시나비

Parnassius bremeri Bremer, 1864

★★★

환경부 지정
멸종 위기 야생 생물 Ⅰ급

 연 1회

 알

 기린초

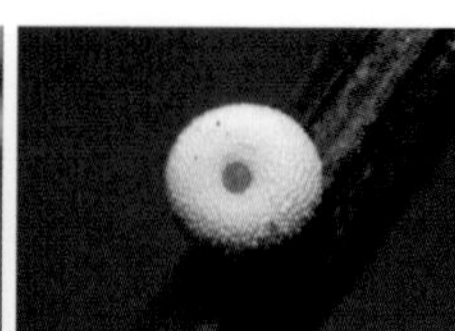

짝짓기 : 암컷(위), 수컷(아래) (2021.05.08 경북 의성군)

암컷(2020.05.17 경북 의성군)

수컷(2011.05.13 경북 의성군)

예전에는 남한 전역에 분포했으나 최근 경북 의성, 충북 영동, 강원 삼척 등지에서 국지적으로 보인다. 여러 종류 꽃에 날아들며, 모시나비보다 일주일 늦게 나타난다. 수컷은 오전 10시 무렵부터 암컷을 찾아다니는데, 때로는 암컷이 날개돋이를 다 하기도 전에 짝짓기 한다. 애벌레는 활발하게 기어 다니며, 바위나 나뭇잎 위에서 햇볕을 쬔다. 서식지 보호가 매우 중요한 종이다.

출현 시기 | 1월 | 2월 | 3월 | 4월 | **5월** | **6월** | 7월 | 8월 | 9월 | 10월 | 11월 | 12월

꼬리명주나비

★★

Sericinus montela Gray, 1852

연 2회 이상

번데기

쥐방울덩굴

짝짓기 : 암컷(위), 수컷(아래) (2021.07.05 대전 서구 도안동)

암컷(2021.07.05 대전 서구 도안동)

수컷(2021.07.05 대전 서구 도안동)

제주도와 울릉도를 제외한 전역에 분포한다. 주로 강둑이나 논밭 주변 쥐방울덩굴이 많은 곳에서 보인다. 여러 종류 꽃에 날아든다. 수컷은 기온이 올라가면 활공하듯이 다니며 암컷을 찾는다. 알은 쥐방울덩굴 새순이나 줄기에 수십~100여 개를 한꺼번에 낳는다. 1~3령 애벌레는 무리 지으며, 자신을 보호하기 위해 개미를 끌어들인다.

출현 시기 | 1월 | 2월 | 3월 | 4월 | 5월 | 6월 | 7월 | 8월 | 9월 | 10월 | 11월 | 12월

사향제비나비 ★

Byasa alcinous (Klug, 1836)

연 2회

번데기

쥐방울덩굴, 등칡

짝짓기 : 수컷(왼쪽), 암컷(오른쪽) (2019.08.10 강원 평창군 오대산)

암컷(2020.08.16 강원 평창군 진부면 신기리)

수컷(2020.05.31 강원 태백시 태백산)

제주도와 울릉도를 제외한 전역에 분포한다. 높은 산지에서는 등칡, 낮은 곳에서는 쥐방울덩굴을 먹는다. 강원도 높은 곳에서는 여름에 많은 개체를 볼 수 있지만, 낮은 곳에서는 풀을 베어 개체 수가 적다. 늦여름 강원도에서 애벌레를 데려와 사육하면 기생파리에게 기생 당한 비율이 80~90%에 이른다. 붉은색을 좋아해서 붉은 옷이나 모자에 잘 날아온다.

출현 시기 1월 | 2월 | 3월 | 4월 | **5월** | **6월** | **7월** | **8월** | **9월** | 10월 | 11월 | 12월

호랑나비

★

Papilio xuthus Linnaeus, 1767

연 2회 이상 번데기 백선, 산초나무, 탱자나무 등

짝짓기 : 암컷(왼쪽), 수컷(오른쪽) (2019.05.22 경기 가평군)

암컷(2011.07.29 강원 양양군)

수컷(2021.06.12 전북 무주군)

남한 전역에 분포하고, 높은 산보다 낮은 산에서 많이 보인다. 여러 종류 꽃에 날아들며, 특히 붉은 꽃을 좋아한다. 알은 먹이식물 새순에 한 개씩 낳는다. 애벌레는 3령까지 새똥 모양인데, 4령부터 점점 초록색을 띠다가 5령 애벌레는 진초록으로 변한다. 5령 애벌레에서 번데기가 되려고 허물을 벗을 때 기생벌에게 기생 당하는 경우가 많다.

출현 시기 1월 | 2월 | 3월 | **4월** | **5월** | **6월** | **7월** | **8월** | **9월** | **10월** | 11월 | 12월

산호랑나비

★★

Papilio machaon Linnaeus, 1758

연 2회　　번데기　　백선, 구릿대, 돌미나리 등

암컷(2010.06.25 강원 춘천시 남면 가정리 사육산)

수컷(2017.04.26 강원 정선군 민둥산)

산란(2010.08.07 강원 영월군 한반도면 쌍용리)

남한 전역에 분포하며, 산꼭대기로 모이는 습성이 매우 강하다. 봄에는 백선 꽃대에 알을 낳는다. 애벌레는 백선 꽃대부터 먹고 잎을 먹는다. 알에서 갓 깨어난 애벌레를 백선 잎으로 사육하면 번데기가 되지 못하고 죽는 경우가 많다. 여름에는 구릿대 잎 윗면에 알을 낳는다. 애벌레는 잎을 먹고 자라다가 꽃대를 먹는다.

출현 시기　1월 | 2월 | 3월 | **4월 | 5월 | 6월 | 7월 | 8월 | 9월 | 10월** | 11월 | 12월

산호랑나비(제주)

Papilio machaon Linnaeus, 1758

연 3회

번데기

구릿대

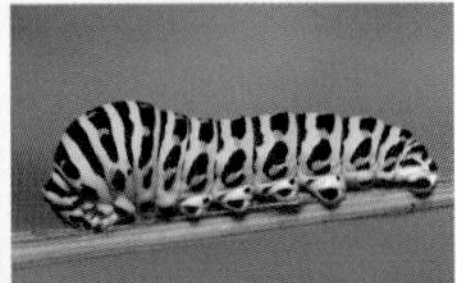

암컷(2021.08.16 제주 사육산)

수컷(2021.08.25 제주 사육산)

수컷(2021.07.20 제주 서귀포시 군산오름)

제주 산호랑나비는 애벌레나 어른벌레일 때 육지 산호랑나비와 무늬가 아주 다르다. 하지만 세계적으로 변이가 많은 종이라서 좀 더 연구가 필요하다. 산꼭대기로 올라가 자리 잡은 구역에서 텃세권을 매우 강하게 형성한다. 알은 구릿대 잎 윗면에 한 개씩 낳는다. 육지 산호랑나비 애벌레는 꽃대를 주로 먹는데, 제주 산호랑나비 애벌레는 잎을 주로 먹는다.

출현 시기 | 1월 | 2월 | 3월 | 4월 | 5월 | 6월 | 7월 | 8월 | 9월 | 10월 | 11월 | 12월

긴꼬리제비나비

★

Papilio macilentus Janson, 1877

연 2회

번데기

산초나무, 초피나무, 탱자나무

짝짓기 : 암컷(위), 수컷(아래) (2004.04.23 강원 춘천시 남면 가정리)

암컷(2021.04.20 전북 무주군)

수컷(2021.06.23 충북 제천시 수산면)

울릉도를 제외한 전역에 분포하나, 제주도에서는 귀한 편이다. 계곡이 가깝고 꽃이 많은 산길에서 보인다. 여러 종류 꽃에 날아들며, 붉은색 옷이나 모자에 잘 날아온다. 수컷은 오후에 암컷을 찾아다니다가 먹이식물 주변에서 갓 날개돋이 한 암컷과 짝짓기를 한다. 풀숲 어두운 곳에서 짝짓기 하기 때문에 관찰이 어렵다. 알은 주로 어두운 곳에 있는 먹이식물에 한 개씩 낳는다.

출현 시기 | 1월 | 2월 | 3월 | **4월 | 5월 | 6월 | 7월 | 8월 | 9월** | 10월 | 11월 | 12월

남방제비나비

★★★

Papilio protenor Cramer, 1775

연 2회 이상

번데기

탱자나무, 머귀나무, 유자나무 등

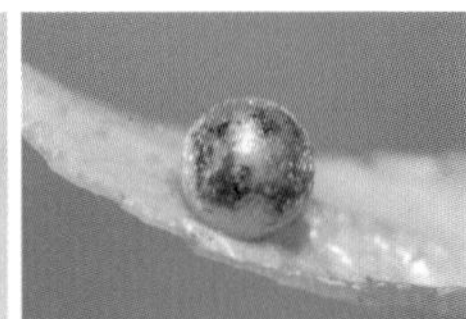

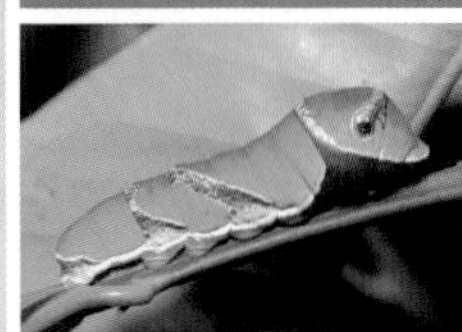

암컷(2011.10.14 경남 거제시 사육산)

수컷(2020.05.07 전북 무주군 사육산)

암컷(2011.10.12 경남 거제시 사육산)

경남과 전라도, 경기도의 일부 섬, 제주도에 분포한다. 최근 기후변화로 서식 범위가 넓어지는 종이다. 2020년 전북 무주군 안성면에서 매우 많은 개체를 만났는데, 2021년에는 한 마리도 볼 수 없었다. 여름철 기온에 따라 분포 범위가 차이 나는 것으로 보인다. 여러 종류 꽃에 날아들며, 붉은색을 좋아한다. 시력이 좋아서 지형지물을 잘 피해 다닌다.

출현 시기 | 1월 | 2월 | 3월 | 4월 | **5월** | **6월** | **7월** | **8월** | **9월** | 10월 | 11월 | 12월

제비나비

Papilio bianor Cramer, 1777

연 2회 이상

번데기

산초나무, 황벽나무, 머귀나무 등

암컷(2021.05.06 전북 무주군)

수컷(2012.05.13 강원 춘천시)

수컷(2022.04.23 강원 춘천시 남면 가정리)

남한 전역에는 폭넓게 분포하지만, 백두산 주변에서는 만난 적이 없다. 주로 낮은 산이나 마을 주변에서 보인다. 여러 종류 꽃에 날아들며, 붉은 꽃을 좋아한다. 알은 그늘진 곳에 있는 먹이식물에 한 개씩 낳는다. 산제비나비 알은 낳고 3일이 지나면 반점이 생기는데, 제비나비 알은 특별한 변화가 없다.

출현 시기 | 1월 | 2월 | 3월 | 4월 | 5월 | 6월 | 7월 | 8월 | 9월 | 10월 | 11월 | 12월

산제비나비

★

Papilio maackii Ménétriès, 1859

연 2회 이상

번데기

황벽나무, 머귀나무

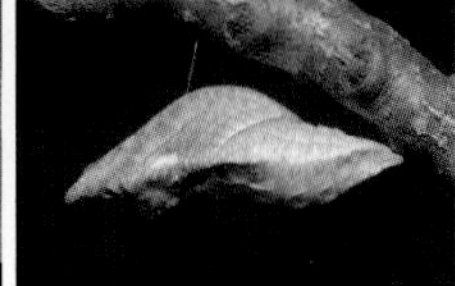

짝짓기 : 암컷(위), 수컷(아래) (2017.07.22 제주도)

암컷(2021.08.08 강원 평창군)

수컷(2010.07.14 경기 가평군 화야산)

제주도와 울릉도를 포함한 전역에 분포하며, 백두산 주변에서도 보인다. 어른벌레는 산꼭대기로 모이는 습성이 있고, 붉은 꽃을 좋아한다. 중부지방에서는 황벽나무에만, 남부지방에서는 머귀나무에만 알을 낳는다. 황벽나무에는 높은 가지 위 햇빛이 잘 드는 곳에 알을 낳는다. 제비나비 알과 달리 낳은 지 3일이 지나서부터 반점이 생긴다.

출현 시기 | 1월 | 2월 | 3월 | 4월 | 5월 | 6월 | 7월 | 8월 | 9월 | 10월 | 11월 | 12월

무늬박이제비나비

Papilio helenus Linnaeus, 1758

연 2회 이상

번데기

머귀나무

수컷(2021.10.31 경남 거제시 사육산)

암컷(2017.03.13 경기 가평군 이화원)

암컷(2017.05.08 경기 가평군 이화원)

최근 기후변화로 미접에서 토착종으로 바뀌었다. 제주도와 남해안 섬에서 드물게 보인다. 사육할 때는 각종 운향과 식물을 먹기도 하지만, 야생에서 애벌레를 관찰한 것은 머귀나무뿐이다. 온실에서 사육하며 관찰한 결과 어른벌레 수명이 한 달 이상으로 다른 제비나비과보다 길고, 지형지물을 잘 이용한다. 각종 꽃에서 꿀을 빨아 먹었다.

출현 시기 | 1월 | 2월 | 3월 | 4월 | **5월** | **6월** | **7월** | **8월** | **9월** | 10월 | 11월 | 12월

멤논제비나비

미접

Papilio memnon Linnaeus, 1758

연 2회 이상

번데기

귤나무

암컷(2011.07.05 일본 사육산)

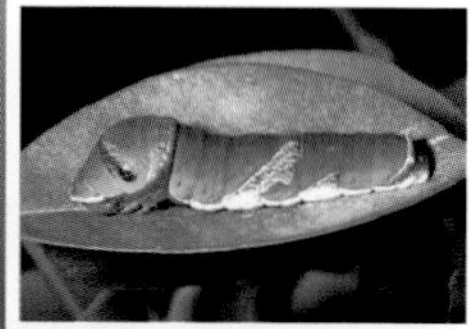

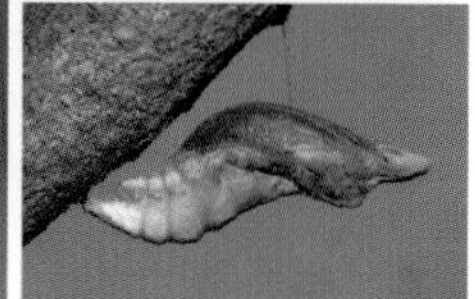

암컷(2011.07.05 일본 사육산)

강원대학교 동아리 '모시나래'가 경남 거제에서 수컷 한 마리를 채집했다. 일본에서 기후변화로 점점 북상하는 종이라는 논문이 있는 만큼, 앞으로 국내에서도 만날 기회가 늘 것으로 예상한다. 일본에서는 주로 귤나무 잎에서 애벌레가 보인다.

출현 시기 | 1월 | 2월 | 3월 | 4월 | 5월 | 6월 | **7월** | **8월** | **9월** | 10월 | 11월 | 12월

청띠제비나비

Graphium sarpedon (Linnaeus, 1758)

연 2회 이상

번데기

후박나무, 녹나무

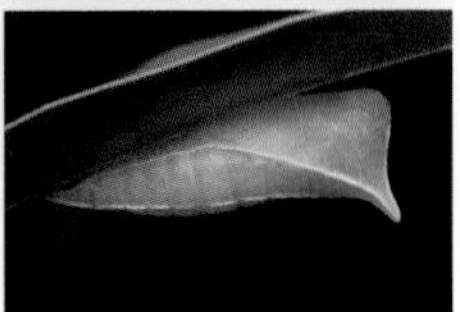

짝짓기 : 수컷(왼쪽), 암컷(오른쪽) (2021.06.06 제주 서귀포시 군산오름)

수컷(2021.07.24 제주 서귀포시 군산오름)

수컷(2022.07.13 전남 신안군 흑산면 가거도)

제주도와 울릉도, 서해안 섬, 남부 지방 바닷가 주변에서 주로 보인다. 후박나무 새순에 알을 낳는데, 새순이 붉을수록 좋아한다. 그늘진 곳의 새순은 양지쪽 새순보다 느리게 초록색으로 변하며, 아직 붉거나 노란 잎에 알이나 애벌레가 여러 마리가 모인 걸 관찰할 수 있다. 암컷은 붉은색에 반응한다.

출현 시기 | 1월 | 2월 | 3월 | 4월 | 5월 | 6월 | 7월 | 8월 | 9월 | 10월 | 11월 | 12월

호랑나비과 · 호랑나비아과 동정 키포인트

산호랑나비

호랑나비

긴꼬리제비나비

남방제비나비

산제비나비

산제비나비

제비나비

제비나비

흰나비과

기생나비

Leptidea amurensis (Ménétriès, 1859)

연 2회 이상

번데기

갈퀴나물

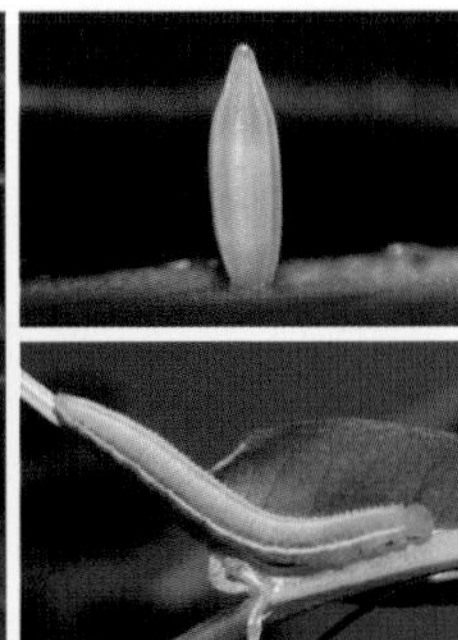

짝짓기 : 수컷(왼쪽), 암컷(오른쪽) (2010.08.07 강원 영월군 한반도면 쌍용리)

산란(2010.08.07 강원 영월군 한반도면 쌍용리)

암컷(2018.04.21 강원 영월군 한반도면 쌍용리)

예전에는 지리산 이북 지역에 분포했으나, 최근 서식지가 줄어 대구와 충북, 강원, 경기 북부 일부 지역, 전북 남원 일대에서 드물게 보인다. 주로 계곡 주변에서 만날 수 있다. 보라색 꽃을 좋아한다. 북방기생나비보다 조금 빠른 4~5월에 봄형 기생나비가 나타난다. 알은 갈퀴나물 새순이나 잎 아랫면에 낳는다.

출현 시기 | 1월 | 2월 | 3월 | 4월 | 5월 | 6월 | 7월 | 8월 | 9월 | 10월 | 11월 | 12월

북방기생나비

★★★½

Leptidea morsei (Fenton, 1882)

연 2회 이상

번데기

갈퀴나물

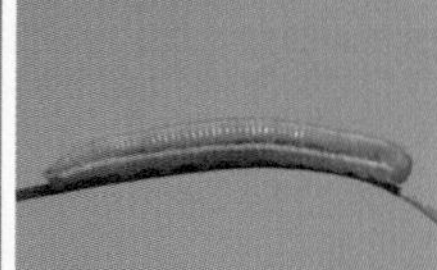

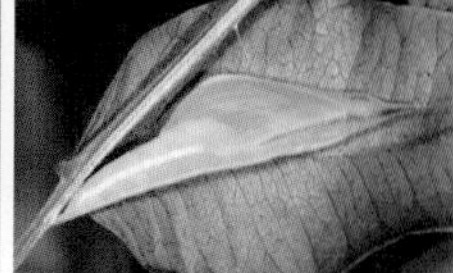

짝짓기 : 수컷(왼쪽), 암컷(오른쪽) (2019.07.15 중국 옌볜)

수컷(왼쪽), 암컷(오른쪽) (2009.04.17 강원 홍천군)

암컷(왼쪽), 수컷(오른쪽) (2010.07.12 강원 인제군 서화면 서화리)

강원도와 경기도 북부 산지에서 주로 보인다. 최근 경기도에서는 거의 볼 수 없으며, 강원도에서도 개체 수가 크게 줄었다. 보라색 꽃을 좋아한다. 기생나비가 계곡과 가까운 곳에서 보인다면, 북방기생나비는 좀 더 높은 산지에서 만나는 경우가 많다. 알은 갈퀴나물 새순이나 잎 아랫면에 낳는다.

출현 시기 | 1월 | 2월 | 3월 | **4월 | 5월 | 6월 | 7월 | 8월 | 9월** | 10월 | 11월 | 12월

남방노랑나비

★

Eurema hecabe (Linnaeus, 1758)

연 2회 이상

어른벌레

비수리, 싸리, 자귀나무

짝짓기 : 암컷(위), 수컷(아래) (2021.07.22 제주 제주시 한경면)

산란(2021.07.20 제주 제주시 구좌읍 송당리)

수컷(2020.10.03 전북 무주군)

기후변화로 점점 북상하는 종이다. 예전에는 제주도와 울릉도, 남해안 지역에서 보였으나, 최근 경기도와 강원도 높은 산지에서도 여름형 나비를 만난다. 주로 강변이나 낮은 산지에서 볼 수 있으며, 개체 수가 많은 편이다. 여러 종류 꽃에 날아든다. 먹이식물이 차풀이라고 기록한 도감이 있는데, 자귀풀과 혼동한 것으로 보인다. 아직 차풀에서 애벌레를 관찰한 적이 없다.

출현 시기 | 1월 | 2월 | 3월 | 4월 | 5월 | 6월 | 7월 | 8월 | 9월 | 10월 | 11월 | 12월

극남노랑나비

Eurema laeta (Boisduval, 1836)

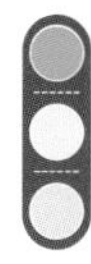

연 2회 이상

어른벌레

차풀

산란(2021.07.20 제주 제주시 구좌읍 송당리)

여름형 암컷(2021.08.22 경남 함양군 마천면)

가을형 수컷(2020.10.25 전북 장수군 장계면)

예전에는 제주도와 남해안 지역에 분포했으나, 최근 전북 무주와 장수 등지에서도 많은 개체가 보인다. 남방노랑나비는 서식지가 넓은데, 극남노랑나비는 서식지가 좁은 편이다. 이는 먹이식물인 차풀과 관계있는 것으로 보인다. 여러 종류 꽃에 날아들며, 알은 새순 윗면에 한 개씩 낳는다.

출현 시기 | 1월 | 2월 | 3월 | 4월 | 5월 | 6월 | 7월 | 8월 | 9월 | 10월 | 11월 | 12월

검은테노랑나비

미접

Eurema brigitta (Stoll, 1780)

연 2회

어른벌레

차풀

암컷(2020.09.26 경남 거제시 남부면)

산란(2020.09.26 경남 거제시 남부면)

수컷(2013.10.26 경남 거제시 대금산)

예전에는 경남 거제와 전남 진도, 인천 굴업도와 대이작도 등지에서 드물게 눈에 띄었으나, 최근 기후변화로 해마다 보이는 횟수와 개체 수가 늘고 있다. 주로 차풀이 많은 마을이나 산 능선 주변에서 보이고, 여러 종류 꽃에 날아든다. 알은 차풀 윗면에 1~2개씩 낳는다.

출현 시기 | 1월 | 2월 | 3월 | 4월 | **5월** | **6월** | **7월** | **8월** | **9월** | 10월 | 11월 | 12월

노랑나비

★

Colias erate (Esper, 1805)

연 3회 이상

번데기

토끼풀, 벌노랑이, 아까시나무 등

짝짓기 : 수컷(왼쪽), 암컷(오른쪽) (2013.08.15 경기 고양시 덕양구 원당동)

짝짓기 비행 : 수컷(왼쪽), 암컷(오른쪽)
(2020.06.11 전북 장수군)

암컷(2017.05.24 경기 성남시 분당구)

남한 전역에 분포한다. 1년에 세 번 이상 발생하는 것으로 보이며, 강변이나 경작지, 해안가, 산지의 풀밭 등 서식 범위가 매우 넓다. 수컷은 모두 노란색을 띠고, 암컷은 흰색 75%, 노란색 25%다. 알은 고삼, 자운영, 자주개자리 등 콩과 식물에 한 개씩 낳는데, 한여름에는 기생 당할 확률이 높다.

출현 시기 1월 | 2월 | 3월 | **4월** | **5월** | **6월** | **7월** | **8월** | **9월** | **10월** | **11월** | 12월

멧노랑나비

Gonepteryx maxima Butler, 1885

연 1회

어른벌레

참갈매나무, 짝자래나무

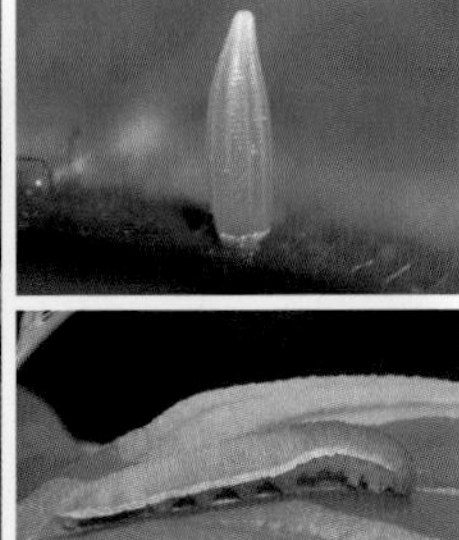

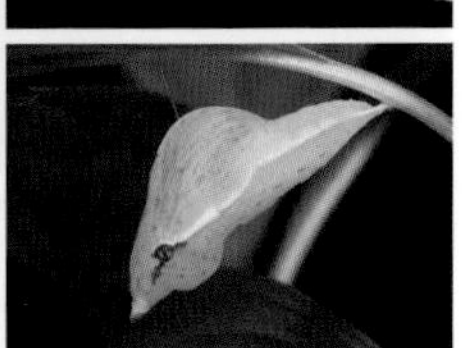

암컷(2018.07.19 중국 옌볜)

월동형 암컷(2020.05.27 충북 제천시 수산면)

수컷(2020.06.19 충북 제천시 수산면)

지리산과 덕유산 고산지대, 강원도 이북 산지에 분포했으나 최근 개체 수가 매우 줄었다. 6월 초에도 겨울난 어른벌레가 활동하는 모습이 종종 보인다. 여러 종류 꽃에 날아와 꿀을 빨아 먹고, 잡으면 죽은 척한다. 알은 새순 윗면에 한 개씩 낳는다. 알부터 애벌레를 거쳐 번데기가 되기까지 한 달 걸린다. 어른벌레로 가장 오래 사는 종이다.

출현 시기 1월 2월 3월 4월 5월 6월 7월 8월 9월 10월 11월 12월

각시멧노랑나비

★★★

Gonepteryx aspasia Ménétriès, 1859

연 1회

어른벌레

참갈매나무, 짝자래나무

월동형 암컷(2015.04.11 강원 영월군 한반도면 쌍용리)

암컷(2019.06.22 강원 철원군)

수컷(2018.09.01 강원 평창군 대덕사)

제주도와 울릉도를 제외한 전역에 분포한다. 전에는 강원도 높은 산지에서 멧노랑나비가 주로 보였으나, 최근 각시멧노랑나비가 많이 보인다. 멧노랑나비보다 2주 정도 빨리 나타나고, 한 달쯤 활동하다가 여름잠을 자며, 8월 말부터 다시 활동하다가 어른벌레로 겨울을 난다. 알은 새순이 나오기 전에 먹이식물 줄기에 낳는다.

출현 시기 | 1월 | 2월 | 3월 | 4월 | 5월 | 6월 | 7월 | 8월 | 9월 | 10월 | 11월 | 12월

갈고리흰나비

★

Anthocharis scolymus Butler, 1866

연 1회 번데기 장대나물, 냉이 등

짝짓기 : 수컷(왼쪽), 암컷(오른쪽) (2018.04.20 경기 가평군 화야산)

암컷(2019.05.17 강원 홍천군 서석면 어론리)

수컷(2021.04.14 전북 무주군)

제주도와 울릉도를 포함한 전역에 분포한다. 낮은 산지와 민가 주변에서 자주 보인다. 여러 종류 꽃에 날아오며, 특히 민들레와 찔레꽃, 냉이류 꽃을 좋아한다. 수컷은 날개 끝이 노란색이라 암컷과 쉽게 구별된다. 6월에 번데기가 되어 겨울을 나고 이듬해 봄에 나타나는데, 야생에서 번데기를 찾기가 쉽지 않다. 알은 먹이식물 잎 위나 아랫면, 꽃대에 낳는다. 사육하면 번데기가 2년 뒤에 날개돋이 하는 경우도 있다.

출현 시기 1월 | 2월 | 3월 | 4월 | 5월 | 6월 | 7월 | 8월 | 9월 | 10월 | 11월 | 12월

상제나비

Aporia crataegi (Linnaeus, 1758)

★★★★★
환경부 지정
멸종 위기 야생 생물 Ⅰ급

연 1회	애벌레	시베리아살구나무, 털야광나무, 산사나무

짝짓기 : 암컷(위), 수컷(아래) (2017.06.26 중국 옌볜)

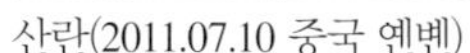

산란(2011.07.10 중국 옌볜)

수컷(2018.06.09 중국 옌볜)

전에는 강원 영월 · 삼척 등지에서 볼 수 있었으나 지금은 눈에 띄지 않는다. 기후변화로 국내에서 절종된 듯하다. 중국 옌볜에서 먹이식물인 산사나무 잎 아랫면에 알을 한꺼번에 수십~200여 개 낳는 모습을 여러 차례 관찰했다. 8월 이후 알에서 깬 애벌레는 실을 토해 같이 집을 짓고 산다. 수컷은 흰색에 모이며, 한자리에 수십 마리가 모여 땅에서 물을 빨아 먹는 모습이 자주 보인다.

출현 시기 | 1월 | 2월 | 3월 | 4월 | 5월 | **6월** | **7월** | 8월 | 9월 | 10월 | 11월 | 12월

배추흰나비

★

Pieris rapae (Linnaeus, 1758)

연 3회 이상

번데기

배추, 장대나물, 냉이 등

짝짓기 : 수컷(위), 암컷(아래) (2019.04.25 경기 가평군)

산란(2010.06.18 강원 춘천시 사농동)

수컷(2019.09.28 강원 화천군 해산령)

제주도와 울릉도를 포함한 전역에 분포하며, 여러 섬에서도 보인다. 주로 낮은 산지와 민가 주변에서 보이며, 간혹 유채밭에 수백 마리가 한꺼번에 모이기도 한다. 여러 종류 꽃에 날아들며, 특히 흰색과 노란색 꽃을 좋아한다. 알은 먹이식물의 꽃대나 잎 윗면과 아랫면 할 것 없이 한 개씩 낳는다.

출현 시기 | 1월 | 2월 | 3월 | 4월 | 5월 | 6월 | 7월 | 8월 | 9월 | 10월 | 11월 | 12월

대만흰나비

Pieris canidia (Linnaeus, 1768)

연 2회 이상

번데기

나도냉이, 다닥냉이 등

짝짓기 : 수컷(위), 암컷(아래) (2012.06.26 강원 화천군 해산령)

암컷(2019.06.02 강원 춘천시 마적산)

수컷(2018.06.19 강원 화천군 해산령)

울릉도를 포함한 전역에 분포하지만, 제주도에서는 관찰 기록이 없다. 배추흰나비보다 약간 높은 산지에서 관찰되나, 개체 수가 많아서 어디든 흔하다. 여러 종류 꽃에 날아온다. 날아다닐 때는 배추흰나비와 헷갈리지만, 앞날개 끝 검은 무늬에 톱니 모양이 있어 구별된다. 알은 먹이식물에 한 개씩 낳는다.

출현 시기 | 1월 | 2월 | 3월 | **4월** | **5월** | **6월** | **7월** | **8월** | **9월** | **10월** | 11월 | 12월

큰줄흰나비

★

Pieris melete Ménétriès, 1857

연 2회 이상

번데기

배추, 냉이, 유채 등

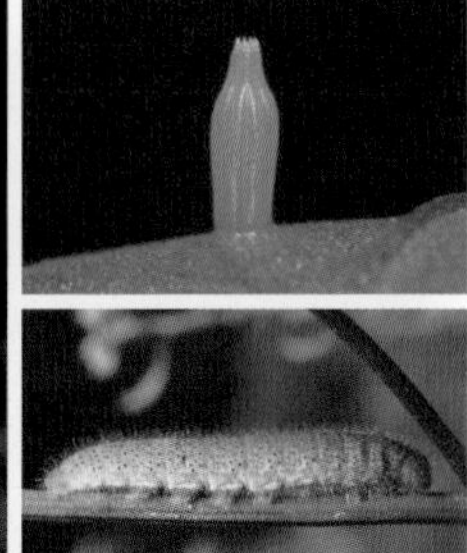

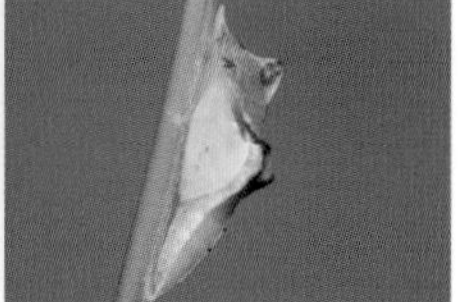

짝짓기 : 암컷(왼쪽), 수컷(오른쪽) (2008.04.25 강원 화천군 해산령)

암컷(2008.05.10 강원 화천군 해산령)

수컷(2019.06.15 강원 춘천시 남면 가정리)

제주도와 울릉도를 포함한 전역에 분포한다. 이른 봄에 가장 먼저 나타난다. 낮은 산지부터 높은 산지까지 폭넓게 보이며, 여러 종류 꽃에 날아든다. 서식지가 겹치는 배추흰나비가 십자화과 작물을 재배하는 곳에 많은 데 비해, 큰줄흰나비는 십자화과 식물이 있는 산지에 많다.

출현 시기 | 1월 | 2월 | 3월 | 4월 | 5월 | 6월 | 7월 | 8월 | 9월 | 10월 | 11월 | 12월

줄흰나비

Pieris napi (Linnaeus, 1758)

연 2회 이상

번데기

황새냉이, 나도냉이 등

짝짓기 : 수컷(왼쪽), 암컷(오른쪽) (2006.05.31 강원 화천군 해산령)

수컷(2006.05.25 강원 화천군 해산령)

수컷(2019.05.17 강원 홍천군 서석면 어론리)

지리산 이북 지역의 높은 산지에서 주로 보인다. 전에는 강원도와 경기도의 낮은 산지에서도 종종 만났으나, 최근 낮은 산지에서는 보기 어렵다. 한라산은 고산지대에만 서식하며, 낮은 산지에는 큰줄흰나비가 주로 서식한다. 여러 종류 꽃에 날아든다. 알은 먹이식물 새순이나 잎 아랫면에 한 개씩 낳는다.

출현 시기 | 1월 | 2월 | 3월 | 4월 | **5월** | **6월** | **7월** | **8월** | **9월** | 10월 | 11월 | 12월

연노랑흰나비

미접

Catopsilia pomona (Fabricius, 1775)

연 2회

소멸

결명자, 석결명

암컷(2020.08.17 전북 무주군 안성면)

암컷(2020.08.17 전북 무주군 안성면)

제주도와 경남 거제에서 관찰 기록이 있다. 2020년 8월 17일 전북 무주군 안성면에서 암컷 한 개체를 촬영했다. 흰나비과 나비들보다 크고 힘차게 날아다닌다. 국내에 다른 생태 자료는 없다.

출현 시기 | 1월 | 2월 | 3월 | 4월 | 5월 | 6월 | 7월 | 8월 | 9월 | 10월 | 11월 | 12월

풀흰나비

★★★½

Pontia edusa (Fabricius, 1777)

연 2회 이상

번데기

다닥냉이, 유채 등

짝짓기 : 수컷(위), 암컷(아래) (2020.07.10 경기 성남시 탄천)

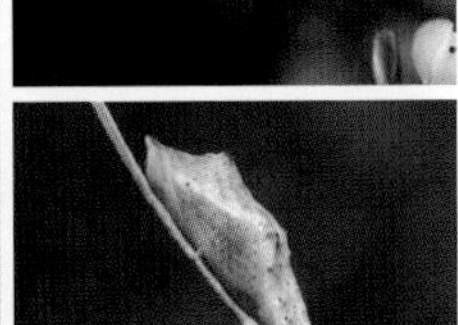

암컷(2007.07.26 서울 중랑구 중랑천)

수컷(2007.07.26 서울 중랑구 중랑천)

전역에 분포하지만 주로 강변에서 보인다. 경남 통영, 대구 금호강 일대, 서울 중랑구 중랑천, 경기 성남시 탄천, 인천 영종도, 강원 철원 등에 국지적으로 분포한다. 장마철 강수량에 따라 개체 수 변동이 심하다. 강이 범람하면 개체 수가 크게 줄고, 가뭄이 심하면 늘어난다. 여러 종류 꽃에 날아든다. 알은 주로 다닥냉이와 유채 꽃대에 낳는다.

출현 시기 | 1월 | 2월 | 3월 | **4월** | **5월** | **6월** | **7월** | **8월** | **9월** | **10월** | 11월 | 12월

흰나비과 동정 키포인트

기생나비 봄형

기생나비 여름형

북방기생나비 봄형

북방기생나비 여름형

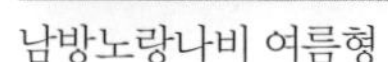

남방노랑나비 여름형

남방노랑나비 월동형

극남노랑나비 여름형

극남노랑나비 가을형

검은테노랑나비 암컷

검은테노랑나비 수컷

노랑나비 암컷

노랑나비 수컷

멧노랑나비 암컷　　멧노랑나비 수컷　　각시멧노랑나비 암컷　　각시멧노랑나비 수컷

배추흰나비 암컷 윗면

배추흰나비 아랫면

대만흰나비 윗면

대만흰나비 아랫면

큰줄흰나비 암컷 윗면

큰줄흰나비 아랫면

줄흰나비 수컷 윗면

줄흰나비 아랫면

부전나비과

뾰족부전나비 ★★★

Curetis acuta Moore, 1877

연 2회 이상

어른벌레

칡꽃, 등꽃

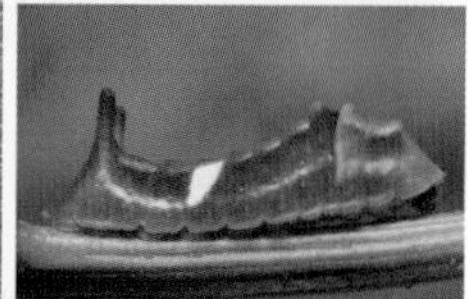

암컷(2020.10.25 경남 거제시 사육산)

수컷(2017.10.22 경남 거제시 사육산)

암컷(2020.10.25 경남 거제시 사육산)

제주도와 남해안에서 주로 만날 수 있다. 최근 기후변화로 점점 북상하며, 남해안 섬에서 겨울을 나는 것으로 보인다. 오전에 땅바닥에 내려와 햇볕을 쬐고, 해 질 녘에는 높은 나뭇가지 위에서 텃세권을 형성한다. 봄에는 등나무 꽃대에, 여름에는 칡 꽃대와 싸리 꽃대에 알을 낳는다. 애벌레는 꽃만 먹는다.

출현 시기 | 1월 | 2월 | 3월 | 4월 | 5월 | 6월 | 7월 | 8월 | 9월 | 10월 | 11월 | 12월

바둑돌부전나비

Taraka hamada (Druce, 1875)

연 2회 이상

3령 애벌레

일본납작진딧물

짝짓기 : 수컷(위), 암컷(아래) (2003.07.19 인천 중구 용유도)

암컷(2020.07.05 충남 서산시)

수컷(2009.10.11 울산)

한반도 중부 이남 지역에 분포한다. 제주도와 남해, 서해 섬 지역에서도 보인다. 먹이인 조릿대에 기생하는 일본납작진딧물이 바둑돌부전나비 성장에 절대적인 영향을 미친다. 일본납작진딧물 수가 적으면 나비 크기가 작고, 개체 수도 적다. 특히 장마철에 비가 많이 오면 일본납작진딧물이 줄어 바둑돌부전나비 개체 수도 줄어든다.

출현 시기 | 1월 | 2월 | 3월 | 4월 | **5월** | **6월** | **7월** | **8월** | **9월** | **10월** | 11월 | 12월

남방남색꼬리부전나비

미접

Arhopala bazalus (Hewitson, 1862)

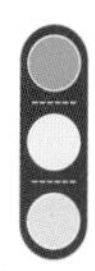

연 2회 이상

어른벌레

종가시나무

수컷(2015.10.08. 일본 사육산)

경남 통영, 제주도에서 관찰 기록이 있다. 일본이나 동남아시아에서 일부 개체가 날아오는 것으로 보이며, 국내에서는 아직 애벌레를 관찰한 적 없다.

출현 시기 | 1월 | 2월 | 3월 | 4월 | 5월 | 6월 | 7월 | 8월 | 9월 | 10월 | 11월 | 12월

남방남색부전나비

★★★★

Arhopala japonica (Murray, 1875)

연 3회 이상

어른벌레

종가시나무

수컷(2021.07.23 제주 서귀포시)

암컷(2022.06.10 제주 서귀포시)

수컷(2020.10.25 제주도 사육산)

예전에는 제주시 조천읍 선흘리 일대에서만 보였으나, 최근 제주도 전역에 분포하는 것으로 확인됐다. 오전 11시~오후 3시에 땅바닥에서 햇볕을 쬐며, 해 질 녘 볕이 드는 높은 나뭇가지 위에서 텃세권을 형성한다. 알은 종가시나무 새순이나 줄기에 한 개씩 낳는다. 애벌레 기간은 한 달이 채 되지 않고, 어른벌레로 모여서 겨울을 난다.

출현 시기 | 1월 | 2월 | 3월 | 4월 | 5월 | 6월 | 7월 | 8월 | 9월 | 10월 | 11월 | 12월

쌍꼬리부전나비

Cigaritis takanonis (Matsumura, 1906)

★★★
환경부 지정
멸종 위기 야생 생물 II급

연 1회

6령 애벌레

마쓰무라밑드리개미

수컷(2021.06.23 충북 제천시 수산면)

암컷(2020.06.28 강원 철원군)

수컷(2012.06.11 경기 하남시 검단산)

지리산 이북 지역에서 주로 보인다. 오전에는 여러 종류 꽃에서 꿀을 빨아 먹고, 오후 6시 이후에는 볕이 드는 높은 나뭇가지에서 텃세권을 강하게 형성한다. 오전에는 잘 보이지 않다가 해 질 녘에 의외로 눈에 많이 띈다. 알은 개미가 다니는 나무줄기나 돌 틈 등 개미집 주변에 1~4개 낳는다.

출현 시기 1월 | 2월 | 3월 | 4월 | 5월 | **6월 | 7월** | 8월 | 9월 | 10월 | 11월 | 12월

선녀부전나비

★★★

Artopoetes pryeri (Murray, 1873)

연 1회

알

쥐똥나무, 개회나무

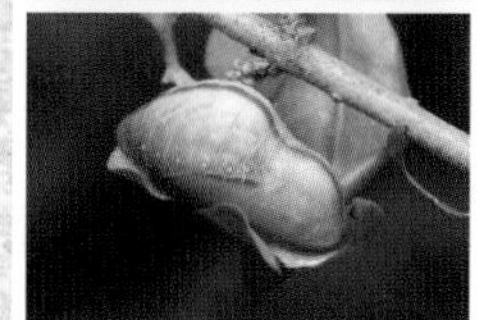

수컷(2008.04.30 강원 화천군 해산령 사육산)

암컷(2010.06.18 강원 화천군 해산령)

수컷(2020.03.30 강원 춘천시 남면 가정리 사육산)

남한 전역에 분포하나 제주도와 남해안 일대에서는 관찰 기록이 없다. 최근 기후변화로 서식지가 점점 북상하는 것으로 보이며, 개체 수도 줄고 있다. 낮에는 나뭇가지 그늘에서 쉬고 해 질 녘에 활발하게 활동한다. 알은 개회나무나 쥐똥나무 가지에 1~3개 낳는다. 쥐똥나무 새순이 나올 무렵 알에서 깬 애벌레는 먹이 활동을 하다가 잎 아랫면에 실을 토해 받침대를 만들고 번데기가 된다.

출현 시기 | 1월 | 2월 | 3월 | 4월 | 5월 | **6월** | **7월** | 8월 | 9월 | 10월 | 11월 | 12월

붉은띠귤빛부전나비

Coreana raphaelis (Oberthür, 1880)

연 1회

알

물푸레나무

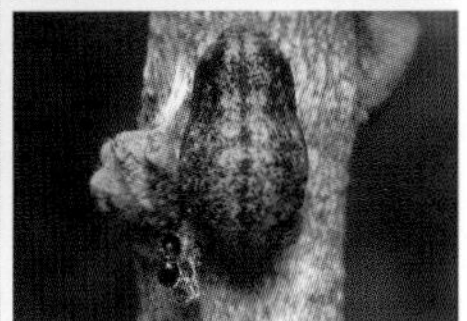

수컷(왼쪽), 암컷(오른쪽) (2020.05.05 강원 춘천시 남면 가정리 사육산)

암컷(2020.04.27 강원 춘천시 남면 가정리 사육산)

수컷(2019.06.04 강원 춘천시 남면 가정리)

지리산 이북 지역에 분포하며, 울릉도에서는 관찰 기록이 없다. 주로 먹이식물인 물푸레나무가 있는 계곡 주변에서 보인다. 오후 3~6시에 활발하게 활동한다. 알은 손가락 굵기 정도 되고, 그늘진 물푸레나무 가지에 한꺼번에 3~10개 낳는다. 종령 애벌레는 잎맥을 갉아 그 속에 숨어 지내는 습성이 있다.

출현 시기 1월 | 2월 | 3월 | 4월 | 5월 | **6월** | **7월** | 8월 | 9월 | 10월 | 11월 | 12월

금강산귤빛부전나비

Ussuriana michaelis (Oberthür, 1880)

연 1회 | 알 | 물푸레나무

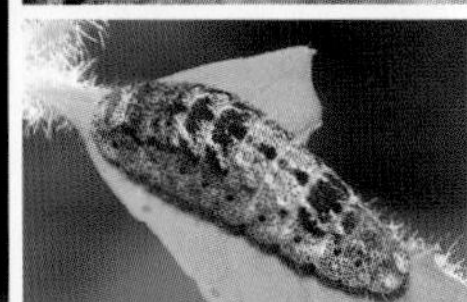

짝짓기 : 수컷(왼쪽), 암컷(오른쪽) (2019.06.23 강원 영월군 남면)

암컷(2019.06.15 강원 춘천시 남면 가정리)

수컷(2017.06.13 경기 하남시 검단산)

지리산 이북 지역에 분포하며, 붉은띠귤빛부전나비보다 개체 수가 많은 편이다. 낮에는 낮은 곳에 앉아 쉬다가, 오후 5~7시에 키 큰 나무 위에서 수십 마리가 점유 행동을 한다. 종령 애벌레는 번데기가 되기 직전에 잎줄기를 갉아 땅으로 떨어지는 습성이 있다. 물에 빠지는 경우도 많고, 기생 당할 확률이 매우 높다. 전북 무주군 덕유산에서는 해발 1000m 이상 고산지대부터 애벌레가 보인다.

출현 시기 | 1월 | 2월 | 3월 | 4월 | 5월 | **6월** | **7월** | 8월 | 9월 | 10월 | 11월 | 12월

민무늬귤빛부전나비

Shirozua jonasi (Janson, 1877)

연 1회　　알　　신갈나무, 진딧물

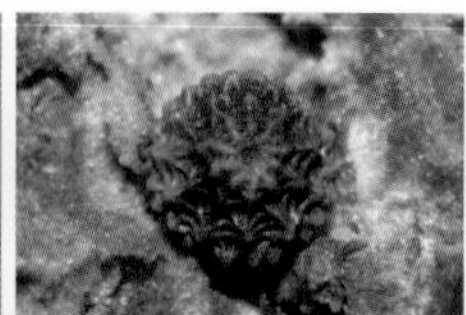

암컷(2019.08.11 강원 양구군 해안면 오유리)

암컷(2010.08.30 강원 평창군 계방산)

암컷(2019.08.11 강원 양구군 해안면 오유리)

강원도와 경기도 북부 높은 산지에서 보인다. 다른 나비에 비해 늦은 7월 말~9월 초에 나타난다. 오전에는 주로 키 큰 나무의 잎 아랫면에서 쉬다가 오후 2시가 지나면 높은 나무에서 텃세권을 형성하거나 산꼭대기로 오르는 습성이 있고, 활동 범위가 넓다. 암컷은 여러 종류 꽃에 날아들며, 주로 민냄새개미가 있는 나무에 알을 낳는다.

출현 시기 | 1월 | 2월 | 3월 | 4월 | 5월 | 6월 | 7월 | 8월 | 9월 | 10월 | 11월 | 12월

암고운부전나비

Thecla betulae (Linnaeus, 1758)

★★★

연 1회

알

복사나무, 벚나무, 귀룽나무 등

산란(2019.10.13 강원 춘천시 북산면 추곡리)

암컷(2020.04.21 강원 춘천시 남면 가정리 사육산) 수컷(2020.04.21 강원 춘천시 남면 가정리 사육산)

무등산 이북 지역에 분포한다. 6월 중순에 나타나며, 산꼭대기 키 큰 나무에서 텃세권을 형성한다. 한여름에는 만나기 어렵고, 9월 중순 이후 다시 활동을 시작한다. 알은 먹이식물 줄기나 가지 틈에 한 개씩 낳는다. 꽃에 날아와 꿀을 빠는 암컷과 수컷을 관찰한 적이 있다.

출현 시기 | 1월 | 2월 | 3월 | 4월 | 5월 | 6월 | 7월 | 8월 | 9월 | 10월 | 11월 | 12월

귤빛부전나비(루테아) ★★

Japonica lutea (Hewitson, 1865)

연 1회

알

참나무류

수컷(2020.04.13 강원 춘천시 남면 가정리 사육산)

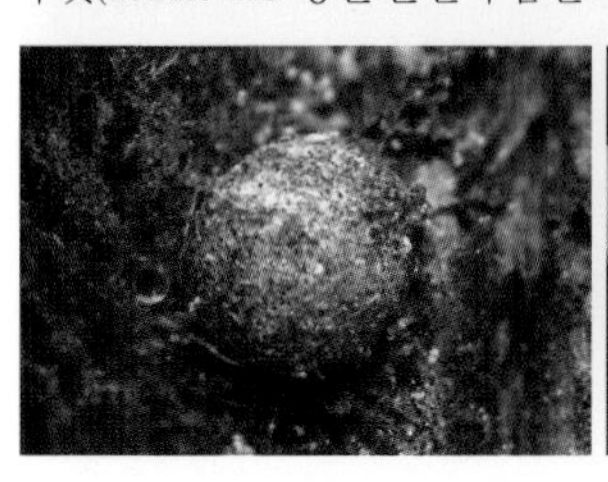

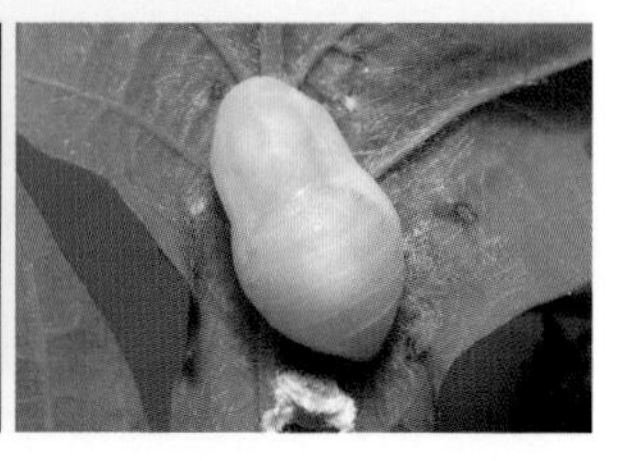

제주도를 포함한 전역에 분포한다. 이른 아침에 땅바닥으로 내려오는데, 햇볕이 들면 나무 그늘로 숨는 경향이 있다. 해 질 녘 키 큰 나무에서 점유 행동을 한다. 알은 참나무 가지에 한 개씩 낳으며, 알에 흙과 먼지를 묻혀서 관찰하기 어려울 정도로 지저분하게 만든다. 사람 키보다 낮은 곳부터 높이 7~8m 나뭇가지에도 알을 낳는다.

출현 시기 1월 | 2월 | 3월 | 4월 | 5월 | **6월** | **7월** | **8월** | 9월 | 10월 | 11월 | 12월

귤빛부전나비(아두스타) ★★

Japonica lutea adusta (Riley, 1939)

연 1회

알

상수리나무, 졸참나무

수컷(2020.04.06 경기 하남시 검단산 사육산)

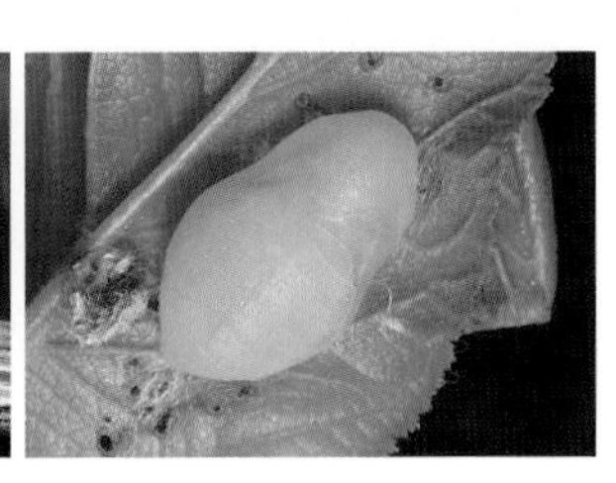

어른벌레는 귤빛부전나비(루테아)와 구별하기 어렵지만, 알 모양과 알 낳는 위치, 애벌레 무늬가 다르다. 알은 상수리나무 높은 가지에 한 개씩 낳으며, 귤빛부전나비(루테아) 알보다 전반적으로 깨끗하고 위쪽이 뾰족하다. 갓 깨어난 애벌레는 붉은빛이 돌며, 3령부터 애벌레 옆면 기공에 붉은 무늬가 있는 점이 귤빛부전나비(루테아)와 다르다. 연구가 더 필요한 종이다.

출현 시기 | 1월 | 2월 | 3월 | 4월 | 5월 | 6월 | 7월 | 8월 | 9월 | 10월 | 11월 | 12월

시가도귤빛부전나비

★★★

Japonica saepestriata (Hewitson, 1865)

연 1회

알

상수리나무, 신갈나무, 갈참나무 등

짝짓기 : 암컷(왼쪽), 수컷(오른쪽) (2017.06.12 경북 칠곡군 지천면)

암컷(2017.06.13 경기 하남시 검단산)

수컷(2019.06.15 강원 춘천시 남면 가정리)

예전에는 경북 구미 이북 산지에 분포했으나 최근 대구, 전북 전주시 등지에서 보인다. 이른 아침에 낮은 풀잎 위에 앉아 있다가 햇빛이 비치면 어두운 그늘로 숨는다. 오후 늦게 참나무 높은 가지에서 점유 행동을 하고, 짝짓기도 늦은 시간에 하므로 관찰이 쉽지 않다. 알은 참나무 줄기 높은 곳에 낳는데, 귤빛부전나비(루테아) 알보다 껍질 주변이 깨끗한 편이다.

출현 시기 1월 | 2월 | 3월 | 4월 | 5월 | 6월 | 7월 | 8월 | 9월 | 10월 | 11월 | 12월

참나무부전나비

★★★★

Wagimo signatus (Butler, 1882)

연 1회

알

신갈나무, 갈참나무

암컷(2017.04.19 강원 화천군 해산령 사육산)

암컷(2017.04.19 강원 화천군 해산령 사육산)

수컷(2020.03.27 강원 춘천시 남면 가정리 사육산)

예전에는 강원도와 경기도, 경상도 일부 지역에서 보였으나 최근 대구와 부산 기장군에서도 눈에 띈다. 정오~오후 2시에 땅바닥으로 내려오기도 하지만, 낮에는 보기 힘든 편이다. 주로 오후 5시 이후에 활동하며, 높은 산꼭대기에서 점유 행동을 한다. 해 질 녘 높은 가지에서 짝짓기 하는 모습을 두 번 관찰했다. 알은 먹이식물 새순 주변에 한꺼번에 1~4개 낳는다.

출현 시기 | 1월 | 2월 | 3월 | 4월 | 5월 | 6월 | 7월 | 8월 | 9월 | 10월 | 11월 | 12월

긴꼬리부전나비

★★★★

Araragi enthea (Janson, 1877)

연 1회

알

가래나무

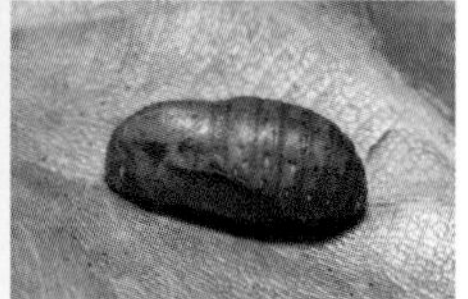

수컷(2011.07.24 강원 춘천시 남면 가정리)

암컷(2012.06.23 강원 화천군 해산령 사육산)

수컷(2020.06.06 강원 화천군 해산령 사육산)

강원도와 경기도 북부 산지에서 보인다. 최근 개체 수가 많이 줄었다. 다른 녹색부전나비류보다 2주 늦은 6월 말~7월 초에 주로 나타난다. 오후 2~3시에 땅바닥으로 내려오는 경우가 많으며, 해 질 녘 가래나무 높은 곳에서 점유 행동을 한다. 알은 작은 가래나무 새순이나 가지 홈에 한 개씩 낳는다.

출현 시기 | 1월 | 2월 | 3월 | 4월 | 5월 | 6월 | 7월 | 8월 | 9월 | 10월 | 11월 | 12월

물빛긴꼬리부전나비

★★★

Antigius attilia (Bremer, 1861)

연 1회

알

굴참나무, 졸참나무

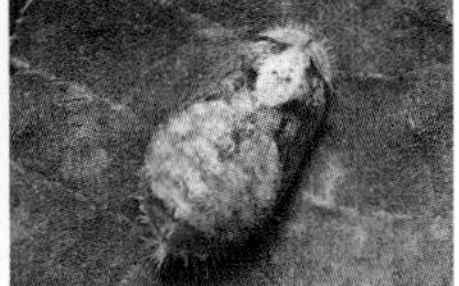

수컷(왼쪽), 암컷(오른쪽) (2020.04.26 강원 춘천시 남면 가정리 사육산)

암컷(2020.04.26 강원 춘천시 남면 가정리 사육산)

수컷(2019.06.15 강원 춘천시 남면 가정리)

남한 전역에 분포하며, 제주도 천왕사 부근에서 관찰 기록이 있다. 굴참나무나 졸참나무에서 쉬다가 해 질 녘에 활발히 활동한다. 암컷은 주로 졸참나무 줄기에 앉기 때문에 나무를 발로 차면 한꺼번에 여러 마리가 날아가기도 한다. 알은 굴참나무나 졸참나무 가지 홈에 한 개씩 낳는데, 담색긴꼬리부전나비보다 건조한 능선에서 많이 보이며 크기가 작은 편이다.

출현 시기 1월 | 2월 | 3월 | 4월 | 5월 | **6월** | **7월** | **8월** | 9월 | 10월 | 11월 | 12월

담색긴꼬리부전나비

Antigius butleri (Fenton, 1882)

연 1회 알 신갈나무, 갈참나무

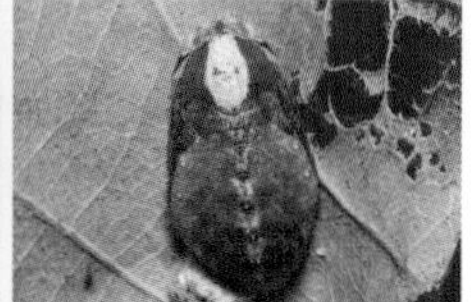

수컷(2019.06.16 경기 하남시 검단산)

암컷(2020.05.05 강원 춘천시 남면 가정리 사육산)

수컷(2009.06.19 경기 하남시 검단산)

제주도와 울릉도를 제외한 전역에 분포한다. 오전에 땅바닥으로 내려오고, 햇볕이 들면 나무 그늘로 숨는다. 오후 늦게 장소를 가리지 않고 넓은 범위를 활발하게 날아다닌다. 물빛긴꼬리부전나비보다 계곡 가에서 많이 보인다. 알은 손목 굵기 가지에 2~10개 낳는다. 때로는 깊은 홈에 낳아 찾기 어렵다.

출현 시기 1월 | 2월 | 3월 | 4월 | 5월 | 6월 | 7월 | 8월 | 9월 | 10월 | 11월 | 12월

깊은산부전나비

Protantigius superans (Oberthür, 1914)

★★★☆

환경부 지정
멸종 위기 야생 생물 Ⅱ급

연 1회

알

사시나무

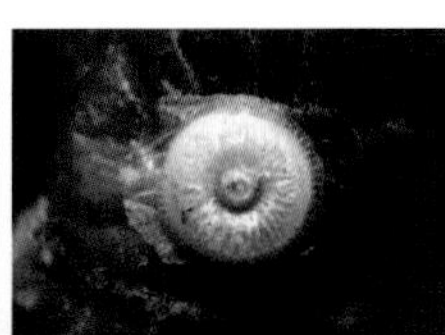

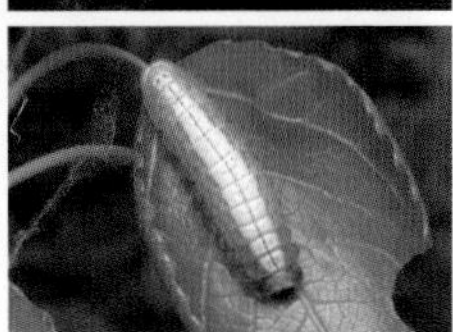

짝짓기 : 수컷(왼쪽), 암컷(오른쪽) (2009.06.23 강원 화천군 해산령)

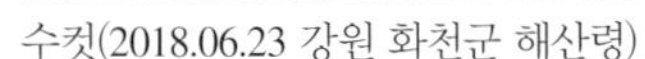

수컷(2018.06.23 강원 화천군 해산령)

수컷(2008.06.04 강원 화천군 해산령 사육산)

남한은 충북 소백산과 강원도 높은 산지에서 주로 보인다. 다른 녹색부전나비류보다 큰 편이다. 오후 5시 무렵부터 먹이식물인 사시나무 주변에서 점유 행동을 한다. 수컷은 암컷을 찾느라 다른 사시나무로 옮겨 다니며, 활동 범위가 넓다. 알은 먹이식물 겨울눈 주변에 한 개씩 낳는다.

출현 시기 | 1월 | 2월 | 3월 | 4월 | 5월 | **6월** | **7월** | **8월** | 9월 | 10월 | 11월 | 12월

작은녹색부전나비

Neozephyrus japonicus (Murray, 1875)

연 1회

알

오리나무, 물오리나무

암컷(2021.06.21 경기 하남시 검단산)

암컷(2010.06.08 경기 하남시 사육산)

수컷(2020.05.26 강원 춘천시 사육산)

수컷(2020.05.26 강원 춘천시 사육산)

강원도와 경기도 산지에 주로 분포하나, 지리산과 계룡산에서도 관찰 기록이 있다. 이른 아침에 활발하게 활동하다가 해가 뜨면 활동성이 떨어진다. 키 큰 나무 위에서 점유 행동을 해, 관찰이 쉽지 않다. 오전 10시~정오에 가끔 땅바닥으로 내려온다. 알은 물가에 있는 오리나무 가는 줄기에 한 개씩 낳는다.

출현 시기 | 1월 | 2월 | 3월 | 4월 | 5월 | 6월 | 7월 | 8월 | 9월 | 10월 | 11월 | 12월

남방녹색부전나비

★★★★

Chrysozephyrus ataxus (Westwood, 1851)

연 1회

알

붉가시나무

암컷(2020.04.12 전남 해남군 두륜산 사육산)

암컷(2020.04.09 전남 해남군 두륜산 사육산)

수컷(2020.05.04 전남 해남군 두륜산 사육산)

수컷(2020.05.04 전남 해남군 두륜산 사육산)

전남 해남군 두륜산 주변에서 보인다. 7월 중순부터 나타나며, 가끔 오전에 땅바닥으로 내려오나 예민하다. 수컷은 오후 2~3시 이후 산 아래부터 높은 곳까지 활발하게 날아다닌다. 특정한 고도의 붉가시나무에 수컷 여러 마리가 텃세권을 형성하며, 암컷은 때때로 꽃에서 꿀을 빠는 모습이 보인다.

출현 시기 | 1월 | 2월 | 3월 | 4월 | 5월 | 6월 | **7월** | **8월** | 9월 | 10월 | 11월 | 12월

북방녹색부전나비

Chrysozephyrus brillantinus (Staudinger, 1887)

연 1회

알

신갈나무, 갈참나무 등

암컷(2018.07.08 경기 남양주시 천마산)

암컷(2018.06.23 강원 화천군 해산령)

수컷(2020.06.25 전북 무주군 덕유산)

수컷(2020.06.25 전북 무주군 덕유산)

지리산 이북 지역에 분포하며, 지리산이나 덕유산은 해발 1000m 이상 고산지대에서 보인다. 암붉은점녹색부전나비보다 산지성이 강하고, 이른 아침에 산꼭대기에서 강한 텃세권을 형성한다. 볕이 들면 가끔 땅바닥이나 낮은 풀잎에 내려오기도 한다. 알은 주로 높은 신갈나무 잔가지에 낳는데, 그늘지고 바람이 잘 통하는 곳에서 많이 보인다. 녹색부전나비류 중에 알이 가장 크다.

출현 시기 | 1월 | 2월 | 3월 | 4월 | 5월 | 6월 | 7월 | 8월 | 9월 | 10월 | 11월 | 12월

암붉은점녹색부전나비

Chrysozephyrus smaragdinus (Bremer, 1861)

연 1회

알

벚나무, 귀룽나무

암컷(2017.06.13 경기 하남시 검단산)

암컷(2011.06.20 경기 남양주시 와부읍 월문리)

수컷(2020.04.16 강원 화천군 해산령 사육산)

수컷(2020.04.16 강원 화천군 해산령 사육산)

지리산 이북 지역에 분포하며, 지리산이나 덕유산은 해발 1000m 이상 고산지대에서 보인다. 오전에 땅바닥이나 낮은 풀잎에 내려오기도 하며, 오후 1~3시 풀숲에서 텃세권을 강하게 형성한다. 알은 벚나무 1~2년생 잔가지에 한 개씩 낳는데, 큰 벚나무보다 작은 벚나무에서 찾기 쉽다. 종령 애벌레는 가끔 벚나무 잎 아랫면에 붙어 있다.

출현 시기 | 1월 | 2월 | 3월 | 4월 | 5월 | **6월** | **7월** | **8월** | 9월 | 10월 | 11월 | 12월

은날개녹색부전나비

★★

Favonius saphirinus (Staudinger, 1887)

연 1회 | 알 | 떡갈나무, 신갈나무, 갈참나무

암컷(2017.04.22 강원 춘천시 남면 가정리 사육산)

암컷(2017.04.22 강원 춘천시 남면 가정리 사육산)

수컷(2017.04.22 강원 춘천시 남면 가정리 사육산)

수컷(2019.06.22 강원 철원군)

남한 전역에 분포하며 높은 산보다 낮은 지역에서 많이 보인다. 오후 4~5시부터 활발하게 활동하는데, 수컷은 먹이식물 주변을 날아다니며 암컷을 찾는다. 이른 아침 땅바닥이나 낮은 풀숲에 내려오기도 한다. 알은 주로 산 초입이나 마을 주변 떡갈나무, 갈참나무, 신갈나무 새순 주변에서 보인다. 강원도는 높은 산에서도 가끔 알이 눈에 띈다.

출현 시기 | 1월 | 2월 | 3월 | 4월 | 5월 | **6월** | **7월** | **8월** | 9월 | 10월 | 11월 | 12월

검정녹색부전나비

★★★

Favonius yuasai Shirôzu, 1947

연 1회 | 알 | 상수리나무, 졸참나무, 굴참나무

암컷(2017.05.28 경기 남양주시 예봉산 사육산)

암컷(2010.04.30 경기 하남시 검단산 사육산)

수컷(2017.06.13 경기 하남시 검단산 사육산)

수컷(2017.06.13 경기 하남시 검단산)

남한 전역에 국지적으로 분포한다. 이른 아침에 활발하게 활동하며, 키 큰 나무에서 텃세권을 형성한다. 해가 뜨면 땅바닥이나 낮은 풀숲에 가끔 내려오지만, 관찰하기 어렵다. 알은 상수리나무나 졸참나무 잔가지 줄기에 한 개씩 낳는데, 대체로 키가 큰 나무 꼭대기 가지 쪽이다.

출현 시기 | 1월 | 2월 | 3월 | 4월 | 5월 | **6월** | **7월** | **8월** | 9월 | 10월 | 11월 | 12월

큰녹색부전나비

Favonius orientalis (Murray, 1875)

연 1회

알

신갈나무, 갈참나무

암컷(2008.05.08 경기 가평군 사육산)

암컷(2020.04.10 강원 화천군 해산령 사육산)

수컷(2020.04.27 강원 화천군 해산령 사육산)

수컷(2020.04.26 강원 화천군 해산령 사육산)

제주도와 울릉도를 포함한 남한 전역에 분포한다. 오전 7~10시에 산꼭대기에서 텃세권을 형성한다. 한낮에도 땅바닥이나 낮은 풀숲에 가끔 내려오지만, 관찰이 쉽지 않다. 알은 큰 신갈나무 낮은 곳에 있는 잔가지나 작은 나무 잔가지 'Y 자형' 줄기 사이에 낳는 경우가 많다. 높은 산보다 산 초입이나 중턱 개활지에서 자주 보인다.

출현 시기 1월 | 2월 | 3월 | 4월 | 5월 | 6월 | 7월 | 8월 | 9월 | 10월 | 11월 | 12월

깊은산녹색부전나비

★★

Favonius korshunovi (Dubatolov et Sergeev, 1982)

연 1회

알

신갈나무, 갈참나무

암컷(2008.05.07 강원 춘천시 남면 가정리 사육산)

암컷(2020.03.28 강원 춘천시 남면 가정리 사육산)

수컷(2020.04.29 강원 춘천시 남면 가정리 사육산)

수컷(2020.04.29 강원 춘천시 남면 가정리 사육산)

지리산 이북 산지에 분포한다. 오후 3~6시에 활발하게 활동하며, 산꼭대기 부근에서 많이 보인다. 정오~오후 2시에 땅바닥이나 낮은 풀숲에 내려온다. 종령 애벌레는 큰 신갈나무 밑동 줄기 틈에서 가끔 눈에 띈다. 알은 손목보다 가는 가지 사이에 한 개씩 낳는 경우가 많으며, 주로 그늘진 곳이나 계곡 주변에서 보인다.

출현 시기 | 1월 | 2월 | 3월 | 4월 | 5월 | **6월** | **7월** | **8월** | 9월 | 10월 | 11월 | 12월

금강석녹색부전나비

★★★

Favonius ultramarinus (Fixsen, 1887)

연 1회

알

떡갈나무

암컷(2016.05.01 강원 영월군 한반도면 쌍용리 사육산)

암컷(2020.04.06 강원 영월군 한반도면 쌍용리 사육산)

수컷(2020.04.27 강원 화천군 해산령 사육산)

수컷(2020.04.27 강원 화천군 해산령 사육산)

남한 전역에 국지적으로 분포한다. 주로 낮은 산지 떡갈나무가 많은 곳, 무덤가에서 보인다. 오후 6~7시에 떡갈나무 주변이나 산꼭대기에서 활발한 텃세권을 형성한다. 알은 떡갈나무 줄기나 새순 주변에 1~2개 낳는다.

출현 시기 | 1월 | 2월 | 3월 | 4월 | 5월 | **6월** | **7월** | **8월** | 9월 | 10월 | 11월 | 12월

넓은띠녹색부전나비

Favonius cognatus (Staudinger, 1892)

연 1회 알 신갈나무, 갈참나무

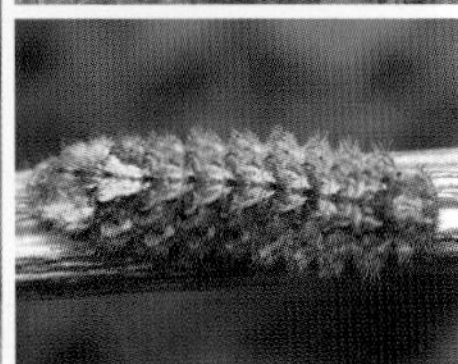

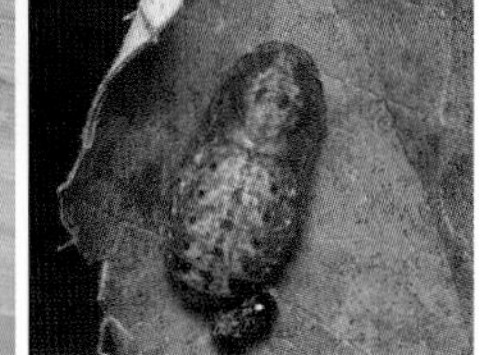

암컷(2017.06.13 경기 하남시 검단산)

암컷(2017.06.13 경기 하남시 검단산)

수컷(2017.06.13 경기 하남시 검단산)

수컷(2017.06.13 경기 하남시 검단산)

지리산 이북 지역에 분포하며, 경기도와 강원도에서 많이 보인다. 오전에는 땅바닥이나 낮은 풀숲에 내려오기도 하며, 오후 2~5시에 키 큰 참나무 위에서 활발하게 활동한다. 신갈나무 꼭대기에 있는 손목 굵기 줄기 껍질 틈에 알을 낳아 관찰하기 매우 어렵다.

출현 시기 1월 | 2월 | 3월 | 4월 | 5월 | **6월** | **7월** | **8월** | 9월 | 10월 | 11월 | 12월

산녹색부전나비 ★

Favonius taxila (Bremer, 1861)

연 1회

알

신갈나무, 갈참나무

암컷(2012.06.25 강원 춘천시 남면 가정리)

암컷(2019.08.17 강원 평창군 진부면 신기리)

수컷(2018.06.23 강원 화천군 해산령)

수컷(2018.06.23 강원 화천군 해산령)

제주도를 포함한 전역에 분포하며, 지리산이나 덕유산은 해발 1000m 이상 고산지대에서 보인다. 오전에 땅바닥이나 낮은 풀숲에 잘 내려오며, 기온이 높은 날에는 오전 8시부터 참나무 위에서 텃세권을 형성한다. 녹색부전나비류 중에 개체 수가 가장 많다. 알은 능선의 신갈나무 새순 사이나 아래 한 개씩 낳는다. 강원도 높은 산지에서 보이는 알과 경기도 낮은 산지에서 보이는 알 모양이 약간 다르다.

출현 시기 | 1월 | 2월 | 3월 | 4월 | 5월 | 6월 | 7월 | 8월 | 9월 | 10월 | 11월 | 12월

우리녹색부전나비

★★★★

Favonius koreanus Kim, 2006

연 1회

알

굴참나무

암컷(2020.04.30 강원 춘천시 남면 가정리 사육산)

암컷(2020.04.30 강원 춘천시 남면 가정리 사육산)

수컷(2020.04.30 강원 춘천시 남면 가정리 사육산)

수컷(2020.04.30 강원 춘천시 남면 가정리 사육산)

지금까지 강원도, 경기도, 충청도, 전남 무등산에서 국지적으로 보였다. 오후 6~8시에 높은 굴참나무 위에서 텃세권을 형성한다. 수컷 두 마리가 영역 다툼을 할 때, 긴 시간 땅바닥에 닿을 정도까지 내려와 싸우기도 한다. 오전 10시~정오에 땅바닥이나 낮은 풀숲에 내려오는 경우가 많다. 알은 굴참나무 손목 굵기 줄기 껍질 틈에 한 개씩 낳는다.

출현 시기 | 1월 | 2월 | 3월 | 4월 | 5월 | **6월** | **7월** | **8월** | 9월 | 10월 | 11월 | 12월

부전나비과 녹색부전나비아과 동정 키포인트

남방녹색부전나비 암컷 윗면

남방녹색부전나비 암컷 아랫면

남방녹색부전나비 수컷 윗면

남방녹색부전나비 수컷 아랫면

작은녹색부전나비 암컷 윗면

작은녹색부전나비 암컷 아랫면

작은녹색부전나비 수컷 윗면

작은녹색부전나비 수컷 아랫면

북방녹색부전나비 암컷 윗면

북방녹색부전나비 암컷 아랫면

북방녹색부전나비 수컷 윗면

북방녹색부전나비 수컷 아랫면

암붉은점녹색부전나비 암컷 윗면

암붉은점녹색부전나비 암컷 아랫면

암붉은점녹색부전나비 수컷 윗면

암붉은점녹색부전나비 수컷 아랫면

부전나비과 녹색부전나비류 동정 키포인트

은날개녹색부전나비 암컷 윗면

은날개녹색부전나비 암컷 아랫면

은날개녹색부전나비 수컷 윗면

은날개녹색부전나비 수컷 아랫면

검정녹색부전나비 암컷 윗면

검정녹색부전나비 암컷 아랫면

검정녹색부전나비 수컷 윗면

검정녹색부전나비 수컷 아랫면

큰녹색부전나비 암컷 윗면

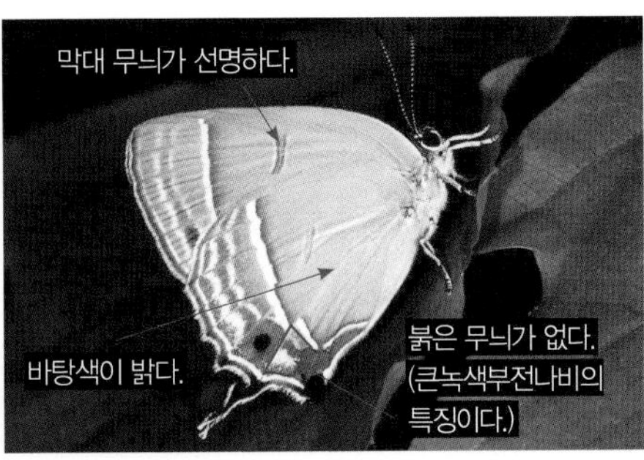

큰녹색부전나비 암컷 아랫면

큰녹색부전나비 수컷 윗면

큰녹색부전나비 수컷 아랫면

깊은산녹색부전나비 암컷 윗면

깊은산녹색부전나비 암컷 아랫면

깊은산녹색부전나비 수컷 윗면

깊은산녹색부전나비 수컷 아랫면

금강석녹색부전나비 암컷 윗면

금강석녹색부전나비 암컷 아랫면

금강석녹색부전나비 수컷 윗면

금강석녹색부전나비 수컷 아랫면

넓은띠녹색부전나비 암컷 윗면

넓은띠녹색부전나비 암컷 아랫면

넓은띠녹색부전나비 수컷 윗면

넓은띠녹색부전나비 수컷 아랫면

산녹색부전나비 암컷 윗면

산녹색부전나비 암컷 아랫면

산녹색부전나비 수컷 윗면

산녹색부전나비 수컷 아랫면

우리녹색부전나비 암컷 윗면

우리녹색부전나비 암컷 아랫면

우리녹색부전나비 수컷 윗면

우리녹색부전나비 수컷 아랫면

북방쇳빛부전나비

★★★

Callophrys frivaldszkyi (Kindermann, 1853)

연 1회

번데기

참조팝나무, 당조팝나무, 조팝나무

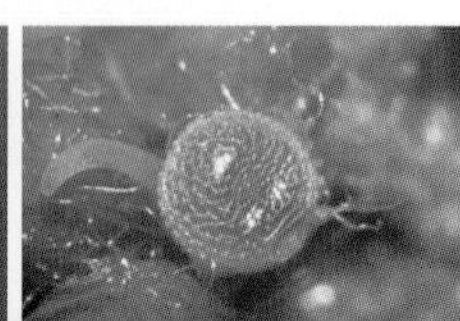

짝짓기 : 암컷(왼쪽), 수컷(오른쪽) (2014.04.26 강원 영월군 남면)

산란(2009.04.19 강원 영월군 남면)

수컷(2015.04.11 강원 영월군 남면)

강원 영월 이북 지역에 분포한다. 최근 영월 지역에서 개체 수가 많이 줄었다. 오전에는 양지바른 길가에서 볕을 쬐고, 오후 2~5시에는 활발하게 텃세권을 형성한다. 여러 종류 꽃에 날아든다. 알은 먹이식물 꽃봉오리에 낳는데, 영월 지역에서는 당조팝나무를, 강원도 높은 산지에서는 참조팝나무를 좋아한다. 먹이식물에 따라 애벌레의 몸빛 변이가 심하다.

출현 시기 | 1월 | 2월 | 3월 | **4월** | **5월** | 6월 | 7월 | 8월 | 9월 | 10월 | 11월 | 12월

연쇳빛부전나비(신칭)

★★★★

Callophrys aleucopuncta K. Johnson, 1992

연 1회

번데기

괴불나무

암컷(2021.04.11 강원 양구군)

암컷(2021.04.11 강원 양구군)

수컷(2021.04.11 강원 양구군)

강원도 일부 지역에서 보이고, 백두산 주변에서도 관찰했다. 먹이식물인 괴불나무가 있는 곳에 서식하는 것으로 보인다. 생태는 다른 쇳빛부전나비류와 비슷하다. 오전 10시~오후 2시에 암수 모두 땅바닥에 내려와 물을 먹는 경우가 많다. 알은 괴불나무 새순 사이에 한 개씩 낳는다. 국내 생태 연구가 좀 더 필요한 종이다.

출현 시기 | 1월 | 2월 | 3월 | 4월 | 5월 | 6월 | 7월 | 8월 | 9월 | 10월 | 11월 | 12월

쇳빛부전나비

★

Callophrys ferrea (Butler, 1866)

연 1회

번데기

조팝나무, 진달래, 철쭉

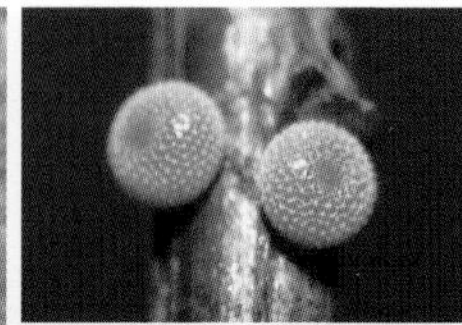

짝짓기 : 수컷(왼쪽), 암컷(오른쪽) (2011.05.03 경기 가평군 화야산)

암컷(2017.04.07 강원 춘천시 마적산)

수컷(2019.04.07 경기 가평군 화야산)

제주도와 울릉도를 제외한 전역에 분포한다. 오전에는 양지바른 길가에서 볕을 쬐고, 오후 2~4시에 활발하게 활동한다. 여러 종류 꽃에 날아들며, 암컷은 먹이식물 주변에서 볼 수 있다. 알은 먹이식물 꽃대나 새순 주변에 한 개씩 낳는데, 주로 북방쇳빛부전나비보다 낮은 산지에서 보인다.

출현 시기 | 1월 | 2월 | 3월 | **4월** | **5월** | **6월** | 7월 | 8월 | 9월 | 10월 | 11월 | 12월

부전나비과 쇳빛부전나비류 동정 키포인트

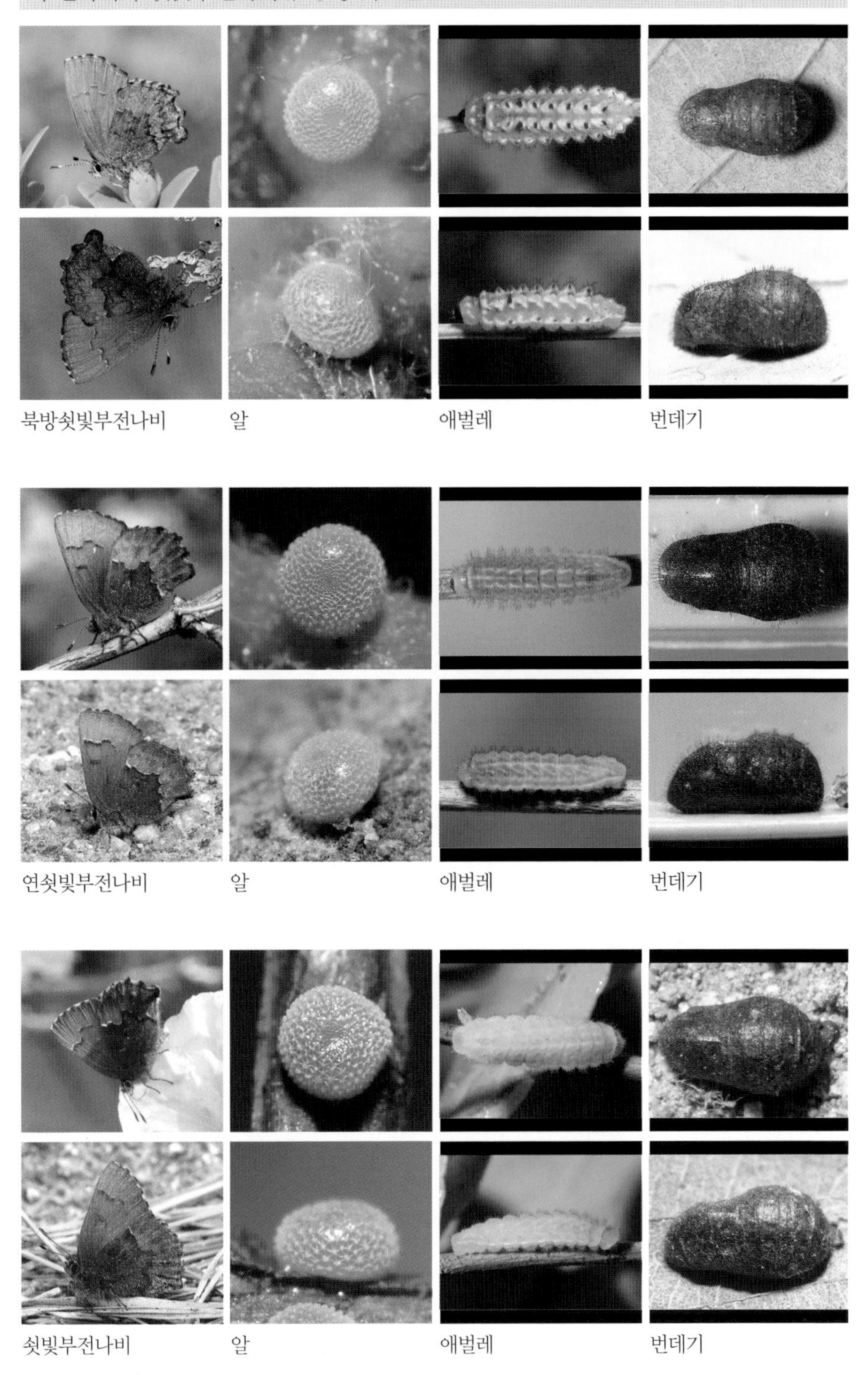

북방쇳빛부전나비 알 애벌레 번데기

연쇳빛부전나비 알 애벌레 번데기

쇳빛부전나비 알 애벌레 번데기

범부전나비

Rapala caerulea (Bremer et Grey, 1851)

연 2회

번데기

고삼, 조록싸리, 칡 등

암컷(2012.05.24 강원 춘천시 남면 가정리)

암컷(2019.04.20 강원 영월군 한반도면 후탄리)

수컷(2019.05.01 충북 제천시 수산면)

여름형 산란(2010.08.18 강원 화천군 해산령)

제주도를 포함한 남한 전역에 분포한다. 울릉범부전나비와 같은 종으로 보기도 하는데, 이 도감에서는 형태적 · 생태적 차이 때문에 다른 종으로 분류했다. 봄에 많은 개체가 눈에 띄며, 여름에는 개체 수가 적은 편이다. 여러 종류 꽃에 날아오고, 땅바닥이나 낮은 풀숲에서 자주 보인다. 해 질 녘 키 큰 나무 위에서 무리 지어 텃세권을 형성한다.

출현 시기 1월 | 2월 | 3월 | 4월 | 5월 | 6월 | 7월 | 8월 | 9월 | 10월 | 11월 | 12월

울릉범부전나비

★★★★

Rapala arata (Bremer, 1861)

연 2회

번데기

고삼, 아까시나무

산란(2018.06.04 중국 옌볜)

암컷(2015.05.17 경북 울릉군 북면)

암컷(2008.06.22 제주 제주시 애월읍 소길리)

여름형(2015.06.20 경북 울릉군 북면 사육산)

울릉도와 제주도에 분포하며, 백두산 주변에서도 관찰했다. 오전에 땅바닥으로 내려오는 경우가 많다. 범부전나비는 땅바닥에 앉아 있을 때 놀라면 날아올랐다가 가까운 곳에 다시 앉는데, 울릉범부전나비는 멀리 날아갈 정도로 민감하다. 여러 종류 꽃에 날아온다. 알은 아까시나무나 고삼 꽃대에 한 개씩 낳는다.

출현 시기 1월 | 2월 | 3월 | 4월 | **5월** | **6월** | **7월** | **8월** | **9월** | 10월 | 11월 | 12월

민꼬리까마귀부전나비

Satyrium herzi (Fixsen, 1887)

연 1회　　알　　귀룽나무, 야광나무

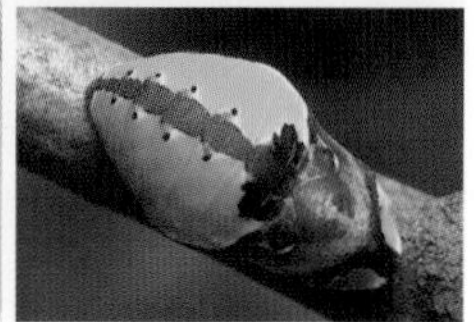

암컷(2019.05.11 강원 춘천시 남면 가정리 사육산)

암컷(2017.06.15 강원 화천군 해산령)

수컷(2017.05.09 경기 가평군 화야산 사육산)

강원 영월 이북 지역에 분포한다. 귀룽나무와 야광나무가 많은 계곡 주변에서 보인다. 한낮에는 계곡을 따라 수컷 수십 마리가 정찰하듯 돌아다니다가, 오후 3~5시부터 낮은 풀숲에 앉아 강한 텃세권을 형성한다. 암컷은 오후 2~4시에 땅바닥이나 먹이식물 주변에서 볼 수 있다. 알은 1~2년 된 줄기 틈에 한 개씩 낳는데, 작고 보호색을 띠어서 찾기 매우 어렵다.

출현 시기 | 1월 | 2월 | 3월 | 4월 | **5월** | **6월** | 7월 | 8월 | 9월 | 10월 | 11월 | 12월

까마귀부전나비

Satyrium w-album (Knoch, 1782)

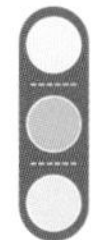

연 1회

알

느릅나무, 시무나무

암컷(2011.06.28 강원 홍천군 내면 을수골)

암컷(2018.06.19 강원 화천군 해산령)

수컷(2017.06.13 경기 하남시 검단산)

남한은 강원도와 경기도 산지에서 주로 보인다. 최근 개체 수가 크게 줄었다. 오전에 땅바닥이나 낮은 풀숲에 내려오며, 여러 종류 꽃에 날아든다. 한낮에 느릅나무 꼭대기에서 텃세권을 형성한다. 알은 느릅나무 꼭대기의 그늘지고 바람이 잘 통하는 잔가지 겨울눈에 낳는다.

출현 시기 | 1월 | 2월 | 3월 | 4월 | 5월 | **6월** | **7월** | 8월 | 9월 | 10월 | 11월 | 12월

참까마귀부전나비 ★★★

Satyrium eximia (Fixsen, 1887)

연 1회 알 참갈매나무, 짝자래나무

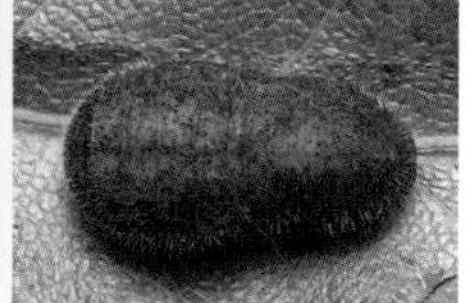

암컷(2007.07.14 강원 영월군 느릅재)

암컷(2008.06.20 충북 단양군 영춘면 유암리)

수컷(2020.04.10 충북 단양군 영춘면 유암리 사육산)

지리산 이북 지역에 분포한다. 여러 종류 꽃에 날아든다. 알은 먹이식물 줄기의 갈라진 틈이나 가지 사이에 1~10개 낳는다. 암컷 한 마리가 낳았는지, 다른 암컷이 같은 위치에 또 낳았는지 확실치 않지만 10개 이상 발견되기도 한다. 북방까마귀부전나비 알과 비슷한 위치에서 보이나, 크기가 작고 모양도 다르다.

출현 시기 | 1월 | 2월 | 3월 | 4월 | 5월 | **6월** | **7월** | 8월 | 9월 | 10월 | 11월 | 12월

북방까마귀부전나비

★★★★★

Satyrium latior (Fixsen, 1887)

연 1회

알

참갈매나무, 짝자래나무

암컷(2015.05.10 충북 단양군 영춘면 유암리 사육산)

암컷(2012.06.14 충북 단양군 영춘면 유암리)

수컷(2008.06.15 충북 단양군 영춘면 유암리)

강원 철원 · 영월, 충북 단양 등지에서 보였으나, 최근 개체 수가 매우 줄었다. 한낮에 산꼭대기에서 강한 텃세권을 형성한다. 암컷은 여러 종류 꽃에 날아들어 꿀을 빨아 먹는다. 알은 먹이식물 줄기에 1~4개 낳는다. 참까마귀부전나비 알보다 크고, 껍질이 털 뭉치처럼 복슬복슬하다.

출현 시기 1월 | 2월 | 3월 | 4월 | 5월 | **6월** | **7월** | 8월 | 9월 | 10월 | 11월 | 12월

꼬마까마귀부전나비

★★★

Satyrium prunoides (Staudinger, 1887)

연 1회

알

조팝나무

짝짓기 : 암컷(왼쪽), 수컷(오른쪽) (2011.07.04 강원 양구군 해안면 오유리)

암컷(2020.03.30 강원 철원군 사육산)

수컷(2019.06.22 강원 철원군)

강원, 경기, 충북 일부 지역에 분포한다. 예전에는 개체 수가 매우 많은 편이었으나 최근 급격히 줄었다. 오후 2시쯤 산꼭대기 부근에 모이는 습성이 있다. 여러 종류 꽃에 날아들며, 주로 낮은 산지와 민가 주변에서 보인다. 알은 조팝나무 줄기나 새순 틈에 1~2개 낳는데, 작고 보호색을 띠어서 찾기 어렵다.

출현 시기 | 1월 | 2월 | 3월 | 4월 | 5월 | **6월** | **7월** | 8월 | 9월 | 10월 | 11월 | 12월

벚나무까마귀부전나비

Satyrium pruni (Linnaeus, 1758)

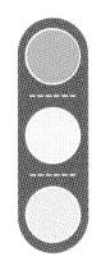

연 1회 알 복사나무, 벚나무, 귀룽나무

수컷(2018.05.07 강원 춘천시 마적산 사육산)

암컷(2020.05.05 충북 단양군 영춘면 유암리 사육산) 수컷(2010.06.08 강원 춘천시 남면 가정리)

제주도와 울릉도를 제외한 남한 내륙 전역에 분포한다. 오후에 땅바닥이나 낮은 풀숲에서 물을 빨아 먹고, 특별한 점유 행동은 하지 않는다. 암컷은 오후에 먹이식물에 앉아 있는 모습이 보인다. 알은 먹이식물 1~2년 된 줄기 틈에 한 개씩 낳는데, 보호색을 띠어서 찾기 어렵다. 복사꽃이 필 때 3~4령 애벌레를 만나기 쉽다. 먹이에 따라 애벌레의 몸빛 변이가 심한 편이다.

출현 시기 1월 | 2월 | 3월 | 4월 | **5월** | **6월** | 7월 | 8월 | 9월 | 10월 | 11월 | 12월

부전나비과 까마귀부전나비류 동정 키포인트

민꼬리까마귀부전나비 암컷

민꼬리까마귀부전나비 수컷

까마귀부전나비 암컷

까마귀부전나비 수컷

참까마귀부전나비 암컷

참까마귀부전나비 수컷

꼬마까마귀부전나비 암컷

꼬마까마귀부전나비 수컷

벚나무까마귀부전나비 암컷

벚나무까마귀부전나비 수컷

북방까마귀부전나비 암컷

북방까마귀부전나비 수컷

작은주홍부전나비

Lycaena phlaeas (Linnaeus, 1761)

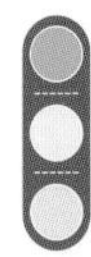

연 2회 이상

3령 애벌레

수영, 애기수영, 소리쟁이

수컷(2020.08.01 강원 평창군 진부면 신기리)

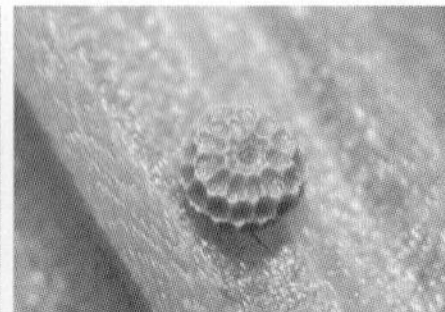

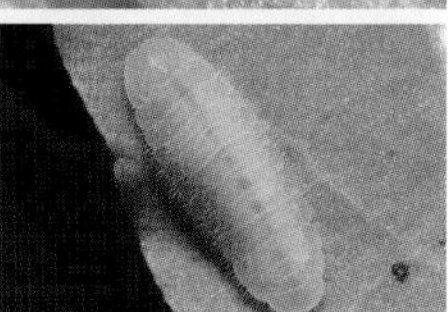

암컷(2017.04.22 강원 춘천시 서면 덕두원리)

수컷(2020.08.16 강원 평창군 진부면 신기리)

제주도를 포함한 남한 전역에서 보인다. 여러 종류 꽃에 날아오며, 땅바닥에서 쉬는 모습을 자주 볼 수 있다. 주로 낮은 산지나 민가 주변에서 보이며, 큰주홍부전나비보다 약간 산지성을 띤다. 먹이식물은 소리쟁이보다 수영과 애기수영을 좋아한다. 알은 잎 윗면과 아랫면에 한 개씩 낳는데, 같은 잎 여러 군데에 낳기도 한다.

출현 시기 | 1월 | 2월 | 3월 | 4월 | 5월 | 6월 | 7월 | 8월 | 9월 | 10월 | 11월 | 12월

큰주홍부전나비

★

Lycaena dispar (Haworth, 1803)

연 2회 이상

3령 애벌레

소리쟁이

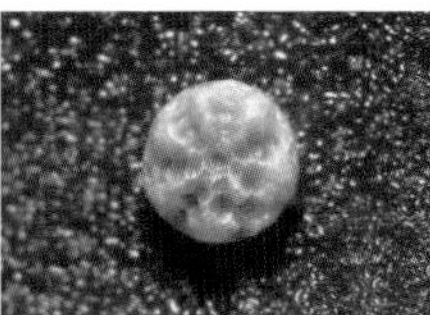

짝짓기 : 암컷(왼쪽), 수컷(오른쪽) (2011.06.11 강원 양구군 방산면 천미리)

암컷(2020.05.20 강원 춘천시 남면 가정리)

수컷(2009.08.10 강원 인제군 서화면 서화리)

예전에는 경기 북부와 경기만 일대 섬에서 국지적으로 보였으나, 최근 남한 전역에서 보인다. 주로 하천, 논밭 주변에 많다. 오전에는 날개를 활짝 펴고 볕을 쬐는 모습이 자주 눈에 띈다. 수컷은 한낮에 날개를 접고 낮은 풀숲에 앉아 텃세권을 형성한다. 알은 소리쟁이 윗면과 아랫면 가리지 않고 여러 곳에 낳는다.

출현 시기 | 1월 | 2월 | 3월 | 4월 | **5월** | **6월** | **7월** | **8월** | **9월** | 10월 | 11월 | 12월

물결부전나비

★★

Lampides boeticus (Linnaeus, 1767)

연 2회 이상

종령 애벌레

편두

암컷(2021.10.09 경남 거제시 남부면 저구리)

암컷(2021.10.09 경남 거제시 남부면 저구리)

수컷(2020.09.22 제주 서귀포시 군산오름)

남한 전역에서 주로 한여름에 보이며, 남해안 일부 섬이나 제주도에서는 10월에도 많은 개체가 눈에 띈다. 여러 종류 꽃에 날아오며, 산꼭대기 부근에서 강한 텃세권을 형성한다. 빠르게 날아다니고 활동 범위가 매우 넓다. 알은 콩과 식물 꽃대나 새순에 한 개씩 낳는다. 종령 애벌레는 콩깍지 안으로 들어가 씨앗을 먹기도 한다.

출현 시기 | 1월 | 2월 | 3월 | 4월 | 5월 | 6월 | 7월 | 8월 | 9월 | 10월 | 11월 | 12월

남색물결부전나비

Jamides bochus (Stoll, 1782)

미접

연 2회 이상

소멸

칡을 비롯한 콩과 식물 꽃대

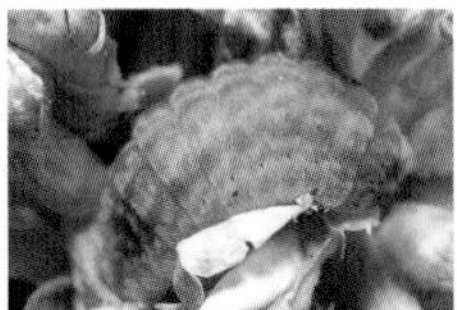

수컷(2021.10.06 경남 거제시 동부면 학동리)

최근 제주도와 남해안 지역에서 보인다. 여러 종류 꽃에 날아온다. 한낮에 나무 그늘에서 쉬다가 오후가 되면 키 작은 나무 위에서 텃세권을 형성한다. 최근 기후변화 영향으로 개체 수가 늘고 있다. 경남 거제에서 칡꽃에 많은 애벌레가 있는 모습을 관찰했다.

출현 시기 | 1월 | 2월 | 3월 | 4월 | 5월 | 6월 | 7월 | 8월 | 9월 | 10월 | 11월 | 12월

극남부전나비

★★★☆

Zizina emelina (de l'Orza, 1869)

연 3회 이상 | 3령 애벌레 | 벌노랑이, 잔개자리, 낭아초

수컷(2022.04.28 대구 달성군 화원읍)

산란(2009.09.08 경북 울진군)

수컷(2018.09.15 경북 울진군 사육산)

강원 · 경북 · 경기 해안가, 제주도 일부 지역에서 볼 수 있다. 주로 해안 지역에서 보이나 최근 대구에도 새로운 서식지가 발견됐다. 바람이 많이 불면 풀잎에 붙어서 가만히 쉬다가 잔잔해지면 풀밭 위를 빠르게 날아다닌다. 여러 종류 꽃에 날아들며, 알은 먹이식물 꽃대나 새순 주변에 한 개씩 낳는다.

출현 시기 1월 | 2월 | 3월 | 4월 | **5월 | 6월 | 7월 | 8월 | 9월** | 10월 | 11월 | 12월

남방부전나비

★

Zizeeria maha (Kollar, 1844)

연 3회 이상

3령 애벌레

괭이밥

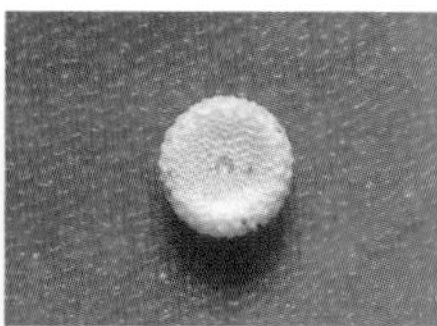

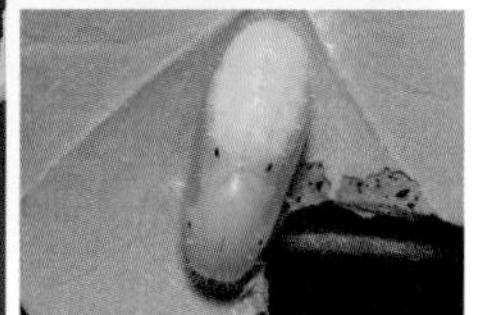

짝짓기 : 수컷(왼쪽), 암컷(오른쪽) (2020.10.11 강원 춘천시 북산면 추곡리)

암컷(2019.09.28 강원 화천군 해산령)

수컷(2020.05.10 강원 춘천시 서면 덕두원리)

예전에는 제주도와 남부 지방에서 주로 보였으나, 지금은 기후변화로 분포 범위가 전국적으로 넓어지는 종이다. 최근 강원도에서 월동형 애벌레를 관찰했다. 낮은 산지부터 높은 산지까지 폭넓게 보이며, 대체로 낮게 날아다닌다. 오전에는 낮은 풀밭에서 날개를 펴고 햇볕을 쬐거나 여러 종류 꽃에서 꿀을 빨아 먹기도 한다. 알은 괭이밥 잎에 한 개씩 낳는다.

출현 시기 1월 | 2월 | 3월 | **4월** | **5월** | **6월** | **7월** | **8월** | **9월** | **10월** | **11월** | 12월

산푸른부전나비

★★★★

Celastrina sugitanii (Matsumura, 1919)

연 1회

번데기

황벽나무

짝짓기 : 수컷(왼쪽), 암컷(오른쪽) (2021.04.11 강원 양구군)

산란(2020.04.19 강원 춘천시 남면 가정리)

수컷(2020.04.15 경기 남양주시 축령산)

지리산 이북 지역에 분포하며, 강원도와 경기도에서 흔히 눈에 띈다. 4월 중순부터 나타나며, 주로 황벽나무 주변에서 볼 수 있다. 푸른부전나비와 구별하기 어렵다. 오전에는 땅바닥이나 낮은 풀숲에 내려와 물을 먹는 경우가 많다. 알은 주로 낮에 황벽나무 꽃대에 한 개씩 낳는다. 황벽나무 위에서 날아다니는 개체는 거의 암컷이다.

출현 시기 | 1월 | 2월 | 3월 | 4월 | 5월 | 6월 | 7월 | 8월 | 9월 | 10월 | 11월 | 12월

푸른부전나비

★

Celastrina argiolus (Linnaeus, 1758)

연 3회 이상

번데기

고삼, 싸리 등

짝짓기 : 암컷(왼쪽), 수컷(오른쪽) (2010.08.15 강원 양구군 해안면 오유리)

암컷(2010.05.12 강원 춘천시 남면 가정리)

수컷(2017.04.19 경기 양평군 서종면 명달리)

제주도와 울릉도를 포함한 남한 전역에 분포하며, 4월 초~9월에 보인다. 오전에는 땅바닥이나 낮은 풀숲에 내려와 물을 먹거나, 날개를 살짝 펴고 햇볕을 쬐기도 한다. 계곡 주변의 새 배설물에도 모인다. 수컷은 한낮에 빠르게 날아다니며 특정 지역에 머물지 않고 계속 암컷을 찾는다. 알은 먹이식물 꽃대나 새순에 한 개씩 낳는다.

출현 시기 | 1월 | 2월 | 3월 | 4월 | 5월 | 6월 | 7월 | 8월 | 9월 | 10월 | 11월 | 12월

회령푸른부전나비

★★★

Celastrina oreas (Leech, 1893)

연 1회

알

가침박달

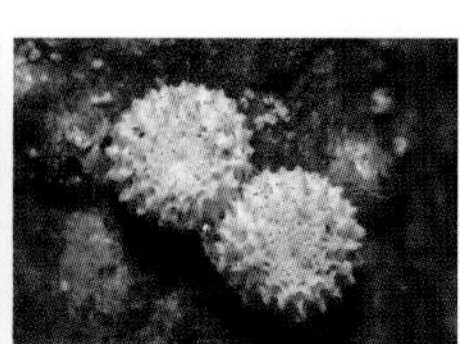

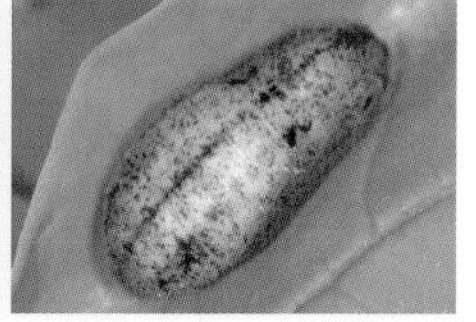

짝짓기 : 암컷(왼쪽), 수컷(오른쪽) (2020.06.07 강원 영월군 영월읍 물무리골)

암컷(2021.06.13 강원 영월군 영월읍 물무리골)

수컷 무리(2018.06.06 강원 영월군 영월읍 물무리골)

강원 영월·삼척, 경북 일부 지역 등 가침박달 서식지에서 보인다. 6월 초순에 주로 나타나는데, 발생 초기에는 수컷이 무리 지어 물을 먹는 경우가 많다. 암컷은 꽃 주변에서 자주 보인다. 수컷 개체 수가 많아 꽃 주변에서 구애하는 장면을 흔히 볼 수 있다. 알은 가침박달 줄기에 한 개씩 낳는데, 한 줄기에 수십 개가 붙어 있기도 하다.

출현 시기 1월 | 2월 | 3월 | 4월 | 5월 | 6월 | 7월 | 8월 | 9월 | 10월 | 11월 | 12월

범부전나비류, 부전나비아과 동정 키포인트

범부전나비 윗면

범부전나비 아랫면

울릉범부전나비 아랫면

극남부전나비 윗면

극남부전나비 아랫면

남방부전나비 윗면

남방부전나비 아랫면

푸른부전나비 암컷 윗면

푸른부전나비

산푸른부전나비

회령푸른부전나비 암컷 윗면

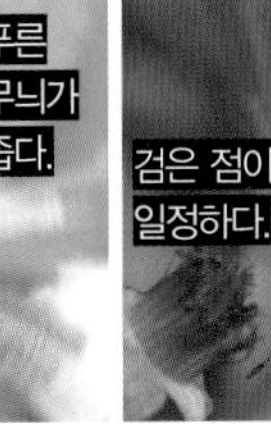

회령푸른부전나비

암먹부전나비

★

Cupido argiades (Pallas, 1771)

연 3회 이상 | 3령 애벌레 | 갈퀴나물, 매듭풀 등

짝짓기 : 암컷(왼쪽), 수컷(오른쪽) (2006.07.01 경기 가평군 화야산)

암컷(2020.05.23 강원 인제군 서화면 서화리)

수컷(2019.04.27 강원 영월군 한반도면 후탄리)

제주도와 울릉도를 포함한 전역에 분포한다. 하천, 논밭, 민가 주변에서 흔히 보인다. 여러 종류 꽃에서 꿀을 빨아 먹으며, 오전에는 날개를 펴고 햇볕을 자주 쬔다. 수컷은 한낮에 암컷을 찾아 날아다닌다. 알은 먹이식물 새순의 홈이나 꽃봉오리에 한 개씩 낳는다. 애벌레는 잎 윗면에서 먹이를 먹고 자라는데, 번데기는 잎 아랫면이나 돌 틈에 있는 경우가 많다.

출현 시기 | 1월 | 2월 | 3월 | 4월 | 5월 | 6월 | 7월 | 8월 | 9월 | 10월 | 11월 | 12월

먹부전나비

★

Tongeia fischeri (Eversmann, 1843)

연 3회 이상

3령 애벌레

돌나물, 채송화, 꿩의비름 등

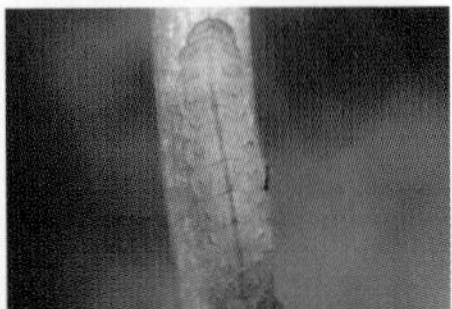

짝짓기 : 암컷(왼쪽), 수컷(오른쪽) (2021.07.22 제주 제주시 한림읍)

수컷(2013.07.05 강원 춘천시 사농동)

수컷(2020.04.09 경북 의성군)

제주도와 여러 섬을 포함한 전역에 분포하나, 울릉도에서는 관찰 기록이 없다. 5월 초부터 9월까지 볼 수 있다. 오전에는 날개를 펴고 햇볕을 쬐거나, 여러 종류 꽃에서 꿀을 빨아 먹는다. 최근 여러 다육식물에서도 보인다. 수컷은 한낮에 암컷을 찾아 날아다닌다. 알은 먹이식물 잎이나 줄기에 한 개씩 낳는다. 애벌레는 먹이식물 잎을 파고들어 먹는다.

출현 시기	1월	2월	3월	4월	**5월**	**6월**	**7월**	**8월**	**9월**	10월	11월	12월

작은홍띠점박이푸른부전나비

Scolitantides orion (Pallas, 1771)

연 2회

번데기

기린초, 돌나물

수컷(2020.04.14 강원 춘천시 남면 가정리)

암컷(2011.05.13 경북 의성군)

수컷(2010.07.09 강원 화천군 해산령)

울릉도를 포함한 지리산 이북 지역에 분포하며, 최근 개체 수가 크게 줄었다. 주로 낮은 산지의 볕이 잘 드는 곳이나 민가 주변에서 보인다. 오전에 여러 종류 꽃에서 날개를 펴고 꿀을 빠는 모습이 자주 눈에 띈다. 오후에는 낮은 풀숲에서 텃세권을 형성하기도 하지만, 한곳에 오래 머물지 않고 날아다닌다. 알은 기린초 줄기나 잎 윗면에 한 개씩 낳는다.

출현 시기 | 1월 | 2월 | 3월 | 4월 | 5월 | 6월 | 7월 | 8월 | 9월 | 10월 | 11월 | 12월

큰홍띠점박이푸른부전나비

★★★★
환경부 지정
멸종 위기 야생 생물 II급

Shijimiaeoides divina (Fixsen, 1887)

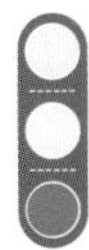

연 1회

번데기

고삼

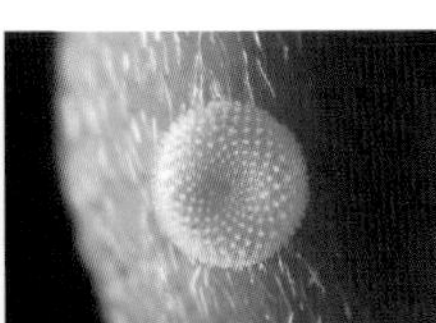
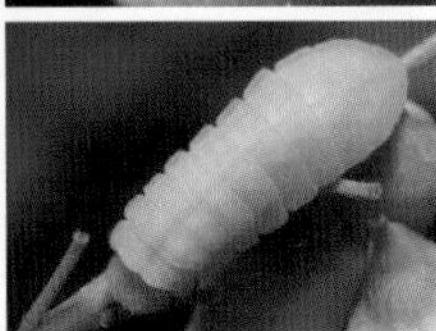
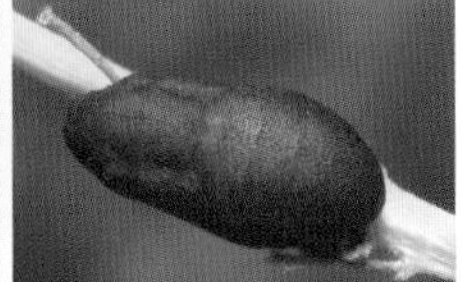

짝짓기 : 수컷(왼쪽), 암컷(오른쪽) (2011.06.02 충북 제천시 수산면)

암컷(2019.06.01 충북 제천시 수산면)

수컷(2022.05.27 충북 제천시 수산면)

강원 영월 · 삼척, 충북 제천, 경북 군위 등지에서 국지적으로 보인다. 최근 개체 수가 많이 줄었다. 오전에는 먹이식물 주변에서 쉬다가 한낮에 산꼭대기로 올라가 일정 구역을 활발히 날아다닌다. 알은 오후에 고삼 꽃대 홈에 한 개씩 낳는다. 애벌레는 주로 고삼 꽃을 먹는데, 꽃대를 먹는 먹가뢰에게 먹이경쟁에서 밀린다. 땅바닥에서 번데기가 된다.

출현 시기 | 1월 | 2월 | 3월 | 4월 | **5월** | **6월** | 7월 | 8월 | 9월 | 10월 | 11월 | 12월

산꼬마부전나비

★★★

Plebejus argus (Linnaeus, 1758)

연 1회

알

바늘엉겅퀴

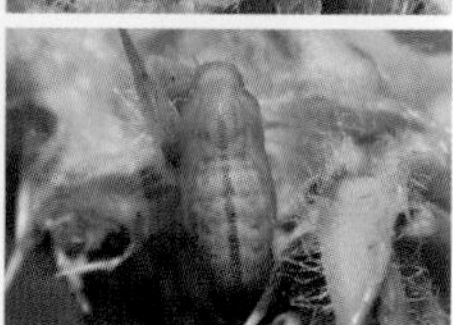

짝짓기 : 수컷(왼쪽), 암컷(오른쪽) (2017.07.14 제주도 한라산)

암컷(2021.07.21 제주도 한라산)

수컷(2008.07.21 제주도 한라산)

제주도 한라산에 분포한다. 백두산 일대 낮은 산지에서 보이는 산꼬마부전나비와는 날개 아랫면이 조금 다르다. 7월 중순 한라산 1500m 이상 고산지대에 나타나는데, 최근 서식지 고도가 점점 높아지며 개체 수도 크게 줄었다. 여러 종류 꽃에 날아들며, 오전에는 날개를 활짝 펴고 볕을 쬐기도 한다. 바람이 불면 풀숲에 붙어서 꼼짝하지 않는 경우가 많다.

출현 시기 | 1월 | 2월 | 3월 | 4월 | 5월 | 6월 | 7월 | 8월 | 9월 | 10월 | 11월 | 12월

산부전나비

Plebejus subsolanus (Eversmann, 1851)

연 1회

알

나비나물

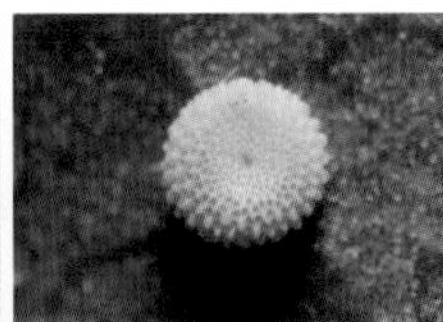

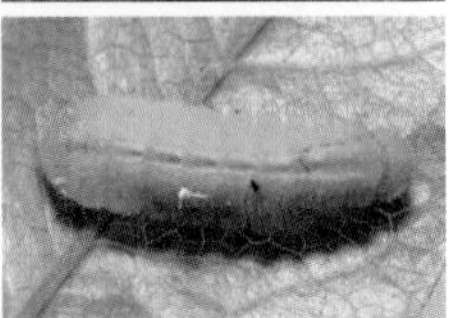

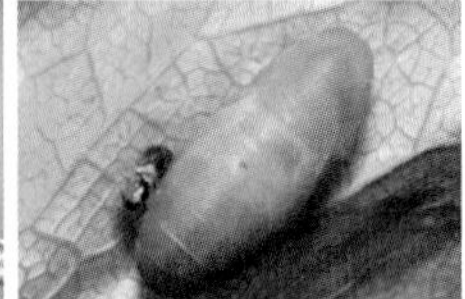

짝짓기 : 수컷(왼쪽), 암컷(오른쪽) (2019.07.12 중국 옌볜)

암컷(2019.07.06 중국 옌볜)

수컷(2019.07.06 중국 옌볜)

남한은 태백산 일부 지역에서 볼 수 있었으나 지금은 보이지 않는다. 중국 옌볜에서 조사해보니 먹이식물은 나비나물이고, 어른벌레는 갈퀴나물 꽃을 매우 좋아했다. 논밭이나 하천 등 낮은 지역에서 보이며, 개체 수는 매우 많은 편이다. 오전에 낮은 풀숲에서 볕을 쬐거나, 여러 종류 꽃에서 꿀을 빨아 먹는다.

출현 시기 | 1월 | 2월 | 3월 | 4월 | 5월 | 6월 | 7월 | 8월 | 9월 | 10월 | 11월 | 12월

부전나비

★★

Plebejus argyrognomon (Bergsträsser, 1779)

연 3회 이상

알

갈퀴나물, 토끼풀

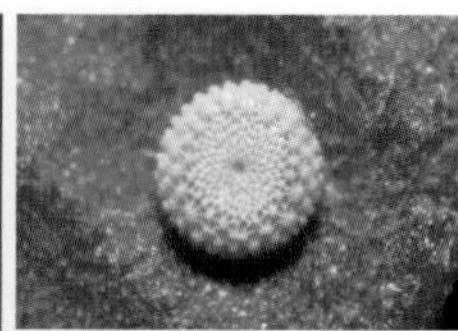

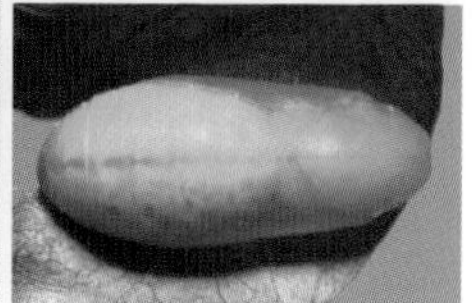

짝짓기 : 수컷(위), 암컷(아래) (2007.07.07 서울 중랑구 중랑천)

암컷(2017.05.23 강원 춘천시 남면 가정리)

수컷(2017.05.23 강원 춘천시 남면 가정리)

제주도와 울릉도를 제외한 남한 내륙 전역에 분포한다. 주로 하천, 논밭, 민가 주변에서 보인다. 기온이 낮은 아침이나 늦은 오후에는 날개를 펴고 햇볕을 쬐며, 한낮에는 먹이식물 주변을 활발히 날아다닌다. 알은 갈퀴나물 줄기나 새순에 한 개씩 낳는다. 애벌레는 새순 줄기에 붙어 있는데, 보호색 때문에 찾기 어렵다. 애벌레 주변에 개미가 많으니 개미를 보고 찾으면 비교적 쉽다.

출현 시기 | 1월 | 2월 | 3월 | 4월 | **5월** | **6월** | **7월** | **8월** | **9월** | **10월** | 11월 | 12월

소철꼬리부전나비

미접

Luthrodes pandava (Horsfield, 1829)

연 3회 이상

확인되지 않음

소철

암컷(2009.10.21 제주 서귀포시)

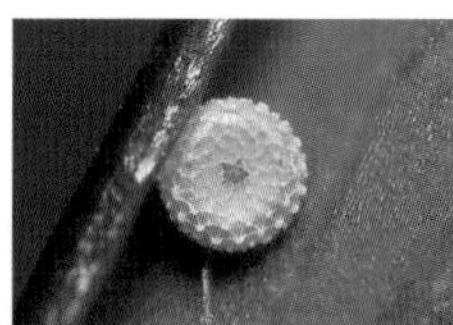

수컷(2020.09.22 제주 서귀포시)

수컷(2020.09.22 제주 제주시)

제주도에서 드물게 보이는 미접이나, 최근 기후변화로 개체 수가 많아지고 분포 범위도 넓어지는 종이다. 월동태는 아직 확인되지 않았다. 여러 종류 꽃에서 꿀을 빨아 먹는다. 알은 소철 새순에 낳고, 애벌레는 새순 아랫면부터 갉아 먹는다. 새순이 없으면 굵은 줄기를 파고드는 습성이 있고, 여러 마리가 모여 있는 경우가 많다.

출현 시기 1월 | 2월 | 3월 | 4월 | 5월 | 6월 | **7월** | **8월** | **9월** | **10월** | 11월 | 12월

북방점박이푸른부전나비

Phengaris kurentzovi (Sibatani, Saigusa et Hirowatari, 1994)

연 1회

3령 애벌레

오이풀, 뿔개미류

암컷(2012.08.03 중국 옌볜)

암컷(2012.08.10 중국 옌볜)

수컷(2012.07.30 중국 옌볜)

강원 영월 · 평창 오대산 등지에서 관찰 기록이 있으나 요즘은 볼 수 없다. 최근 인제에서 한 마리가 보이기도 했지만, 국내에서는 절종됐을 가능성이 크다. 중국 옌볜에서 관찰한 결과 주로 땅이 축축한 곳에서 볼 수 있으며, 고운점박이푸른부전나비와 생태가 비슷하다. 다만 고운점박이푸른부전나비보다 나타나는 시기가 2주 늦고, 알은 오이풀 꽃대 하나에 한 개씩 낳는다.

출현 시기 1월 | 2월 | 3월 | 4월 | 5월 | 6월 | 7월 | 8월 | 9월 | 10월 | 11월 | 12월

고운점박이푸른부전나비

Phengaris teleius (Bergsträsser, 1779)

연 1회

3령 애벌레

오이풀, 뿔개미류

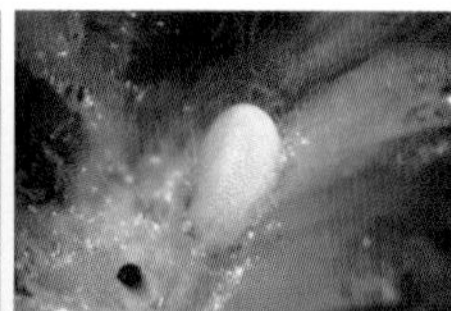

짝짓기 : 암컷(위), 수컷(아래) (2009.08.23 강원 양구군 해안면 오유리)

암컷(2009.08.18 강원 양구군 해안면 오유리)

수컷(2019.08.03 강원 양구군 해안면 오유리)

전에는 경기도에 국지적으로 분포했으나, 최근 강원도 일부 지역에서 보인다. 개체 수가 급격히 줄었다. 오이풀이나 싸리 등 붉은색 계열 꽃에서 꿀을 빨아 먹는 모습이 종종 눈에 띈다. 알은 오이풀 꽃대에 낳는다. 애벌레는 꽃대를 먹다가 3령 애벌레가 되면 개미를 끌어들여 개미집으로 이동하고, 그곳에서 겨울을 난다.

출현 시기 | 1월 | 2월 | 3월 | 4월 | 5월 | 6월 | 7월 | **8월** | 9월 | 10월 | 11월 | 12월

큰점박이푸른부전나비

★★★

Phengaris arionides (Staudinger, 1887)

연 1회

4령 애벌레

오리방풀, 뿔개미류

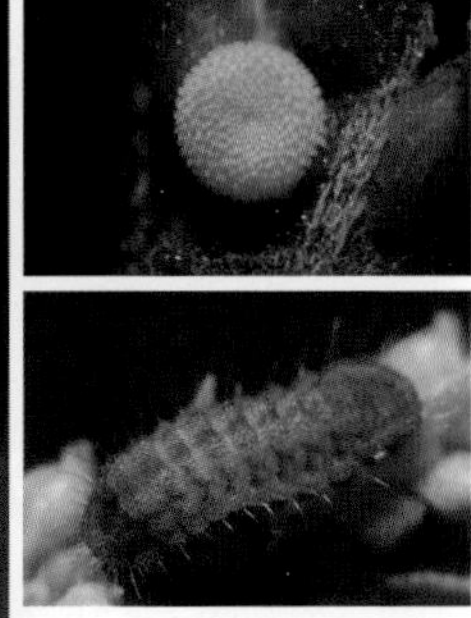

산란(2019.08.10 강원 평창군 오대산)

암컷(2020.08.08 강원 홍천군 내면 운두령)

수컷(2008.08.05 강원 평창군 오대산)

주로 강원도 높은 산지에서 보인다. 오리방풀이나 싸리 꽃에 잘 모여든다. 수컷은 한낮에 산꼭대기로 올라가는데, 매우 빠르게 날며 활동 범위가 넓다. 흐린 날에는 나무 높은 곳에 있다가 해가 뜨면 낮은 지역 꽃으로 날아오는 경향이 있다. 알은 오리방풀 꽃대에 한 개씩 낳는다. 애벌레는 3령까지 꽃대를 먹다가 개미를 끌어들여 개미굴로 이동하고, 그곳에서 겨울을 난다.

출현 시기 | 1월 | 2월 | 3월 | 4월 | 5월 | 6월 | 7월 | 8월 | 9월 | 10월 | 11월 | 12월

담흑부전나비

Niphanda fusca (Bremer et Grey, 1853)

연 1회 　 5령 애벌레 　 진딧물, 왕개미, 한국홍가슴개미

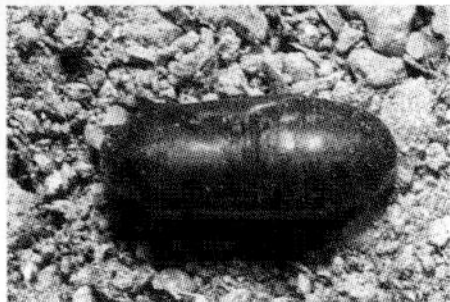

암컷(2010.07.15 강원 인제군 서화면 서화리)

암컷(2019.06.28 강원 철원군)

수컷(2019.06.28 강원 철원군)

제주도를 포함한 전역에 분포하지만, 최근 개체 수가 급격히 줄었다. 주로 무덤가나 탁 트인 풀밭에서 보이며, 여러 종류 꽃에서 꿀을 빨아 먹는다. 수컷은 산꼭대기로 올라가는 습성이 있고, 암컷은 왕개미가 있는 곳에서 보인다. 알은 개미가 많이 다니는 곳에 수십 개를 낳기도 한다. 3령 애벌레까지 진딧물 주변에서 눈에 띄나, 이후에는 개미굴에서 산다.

출현 시기 | 1월 | 2월 | 3월 | 4월 | 5월 | 6월 | 7월 | 8월 | 9월 | 10월 | 11월 | 12월

암먹부전나비

먹부전나비

작은홍띠점박이푸른부전나비

큰홍띠점박이푸른부전나비

북방점박이푸른부전나비

고운점박이푸른부전나비

산꼬마부전나비 수컷 윗면

산꼬마부전나비 수컷 아랫면

산부전나비 수컷 윗면

산부전나비 수컷 아랫면

부전나비 수컷 윗면

부전나비 수컷 아랫면

네발나비과

뿔나비

★

Libythea lepita Moore, 1858

연 1회

어른벌레

풍게나무, 팽나무

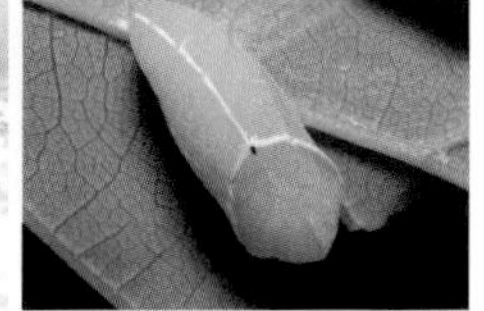

짝짓기 : 암컷(왼쪽), 수컷(오른쪽) (2019.04.07 경기 가평군 화야산)

수컷(2017.03.22 강원 양구군 방산면 천미리)

수컷(왼쪽), 암컷(오른쪽) (2011.04.06 경기 가평군 화야산)

제주도와 울릉도를 포함한 전역에 분포한다. 신생 개체는 6월 초에 나타나며, 발생 초기 땅바닥에서 무리 지어 물을 빨아 먹는 모습이 자주 눈에 띈다. 짝짓기는 주로 봄에 관찰했다. 알은 풍게나무 새순에 낳는데, 다른 암컷이 같은 자리에 산란하기도 한다. 가끔 1화형 나비가 산란하나 보편적인 경우는 아니다. 어른벌레로 겨울을 나기 때문에 봄에 많은 개체가 보인다.

출현 시기	1월	2월	3월	4월	5월	6월	7월	8월	9월	10월	11월	12월

왕나비

★★★

Parantica sita (Kollar, 1844)

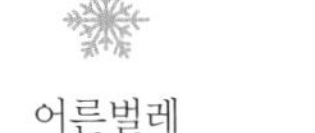

연 2회　어른벌레　박주가리, 나도은조롱, 하수오

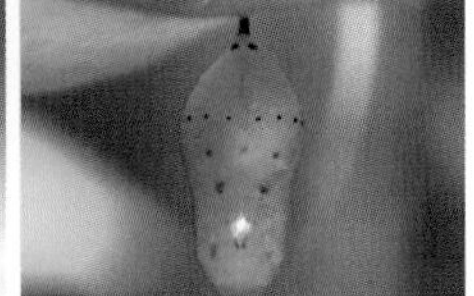

짝짓기 : 암컷(왼쪽), 수컷(오른쪽) (2018.09.14 경기 가평군 이화원)

암컷(2019.12.13 경기 가평군 이화원)

수컷(2019.08.17 강원 평창군 진부면 신기리)

한반도 전역에 분포한다. 봄에 타이완이나 일본에서 날아와 러시아 프리모르스키(옌하이저우)까지 올라가고, 가을이 되면 다시 일본이나 타이완 등지로 날아간다. 기온은 12~25℃를 좋아한다. 25℃ 이상이면 높은 산지로 가거나 북상하고, 12℃ 밑으로 떨어지면 남하한다. 한낮에는 그늘을 찾고, 등골나물 꽃을 특히 좋아한다.

출현 시기 | 1월 | 2월 | 3월 | 4월 | **5월** | **6월** | **7월** | **8월** | **9월** | 10월 | 11월 | 12월

별선두리왕나비

Danaus genutia (Cramer, 1779)

연 2회 이상

소멸

박주가리, 하수오

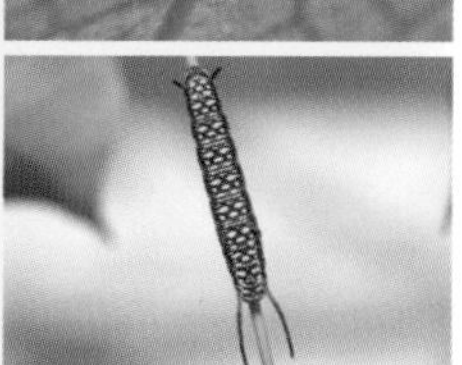

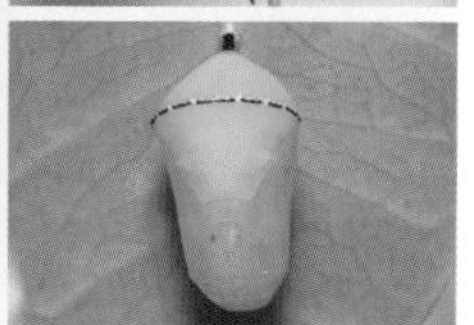

짝짓기 : 수컷(위), 암컷(아래) (2019.04.17 경기 가평군 이화원)

암컷(2019.02.24 경기 가평군 이화원)

수컷(2019.09.15 경기 가평군 이화원)

제주도와 경남 거제, 남해안 섬 지역에서 드물게 눈에 띈다. 들판이나 넓은 풀밭에서 볼 수 있다. 기온이 높은 한낮에는 그늘진 곳에 핀 꽃에서 꿀을 빨아 먹거나 나뭇잎 위에서 쉬는 경우가 많다. 여러 종류 꽃에 날아든다. 알은 박주가리 잎 아랫면에 한 개씩 낳는다.

출현 시기 | 1월 | 2월 | 3월 | 4월 | 5월 | 6월 | 7월 | **8월** | 9월 | 10월 | 11월 | 12월

끝검은왕나비

미접

Danaus chrysippus (Linnaeus, 1758)

연 3회 이상

소멸

박주가리

©김준철

짝짓기 : 암컷(왼쪽), 수컷(오른쪽) (2012.12.01 경기 가평군 이화원)

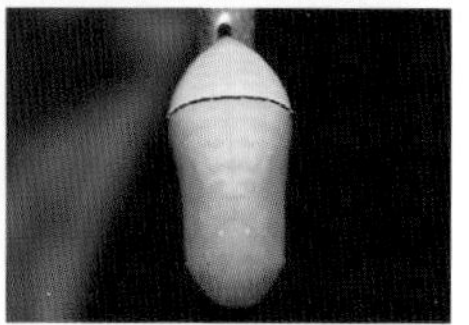

산란(2018.09.14 경기 가평군 이화원)

수컷(2018.09.14 경기 가평군 이화원)

하천 주변에서 국지적으로 보인다. 부산 해운대구 수영천 주변에서 여러 해 동안 많은 개체가 나타났으나 최근에는 보기 어렵다. 여러 종류 꽃에 날아든다. 알은 박주가리 잎 아랫면에 한 개씩 낳는다. 한여름에는 애벌레 기간이 17일 정도로 짧고, 기온이 떨어지는 9월에는 한 달 이상으로 길다.

출현 시기 | 1월 | 2월 | 3월 | 4월 | 5월 | 6월 | 7월 | **8월** | 9월 | 10월 | 11월 | 12월

여름어리표범나비

Melitaea ambigua Ménétriès, 1859

★★★★
환경부 지정
멸종 위기 야생 생물 II급

연 1회

4령 애벌레

냉초, 수염며느리밥풀

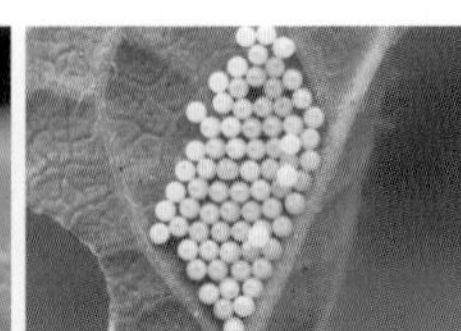

산란(2018.07.19 중국 옌볜)

암컷(2010.07.12 강원 인제군 서화면 서화리)

수컷(2022.06.04 전남 진도군 임회면)

전에는 남한 전역에 분포했으나, 최근 전남 진도와 강원도 일부 지역에서 드물게 보인다. 주로 산과 가까운 풀밭이나 높은 산 풀숲에서 낮게 날아다니는데, 관찰하기 매우 어렵다. 여러 종류 꽃에 날아든다. 알은 먹이식물 잎 아랫면에 수십~200여 개를 한꺼번에 낳는다.

출현 시기 | 1월 | 2월 | 3월 | 4월 | 5월 | **6월** | **7월** | 8월 | 9월 | 10월 | 11월 | 12월

담색어리표범나비

Melitaea protomedia Ménétriès, 1858

연 1회

4령 애벌레

쥐오줌풀

짝짓기 : 암컷(왼쪽), 수컷(오른쪽) (2010.07.08 강원 인제군 서화면 서화리)

암컷(2008.06.20 충북 단양군 영춘면 유암리)

수컷(2008.07.10 강원 인제군 서화면 서화리)

강원 홍천 · 평창 · 인제 · 양구, 충북 단양, 광주 무등산 등지에서 보이나 최근 개체 수가 급격히 줄었다. 제주도에서도 드물게 관찰 기록이 있다. 넓은 풀밭에 주로 나타나며 발생 지역에서는 개체 수가 많다. 여러 종류 꽃에 날아들고, 수컷은 땅바닥에서 물을 빨아 먹는다. 알은 쥐오줌풀 잎 아랫면에 수십 개를 한꺼번에 낳는다.

출현 시기 | 1월 | 2월 | 3월 | 4월 | 5월 | **6월** | **7월** | 8월 | 9월 | 10월 | 11월 | 12월

암어리표범나비

Melitaea scotosia Butler, 1878

연 1회

4령 애벌레

뻐꾹채, 산비장이

짝짓기 : 수컷(왼쪽), 암컷(오른쪽) (2011.06.14 충북 제천시 수산면)

암컷(2012.06.14 충북 제천시 수산면)

수컷(2019.06.01 충북 제천시 수산면)

강원 영월과 충북 제천 등지에서 보이며, 최근 개체 수가 줄었다. 낮은 산지 풀밭에서 만날 수 있고, 여러 종류 꽃에 날아든다. 특히 석회암 지대에서 자라는 먹이식물 뻐꾹채 유무가 결정적이다. 알은 뻐꾹채 잎 아랫면에 100개 이상을 한꺼번에 낳는다. 최근 관찰한 바에 따르면, 양지바른 곳에 낳은 알에서 깬 애벌레는 여름에 거의 폐사했다. 기온 변화가 영향을 많이 미치는 것으로 추측한다.

출현 시기 | 1월 | 2월 | 3월 | 4월 | 5월 | **6월** | **7월** | 8월 | 9월 | 10월 | 11월 | 12월

금빛어리표범나비

★★★

Euphydryas davidi (Oberthür, 1881)

연 1회

3령 애벌레

솔체꽃

짝짓기 : 수컷(왼쪽), 암컷(오른쪽) (2020.05.17 충북 제천시 수산면)

산란(2010.06.03 충북 제천시 수산면)

수컷(2020.05.17 충북 제천시 수산면)

예전에는 강원 영월 · 춘천 · 화천 · 철원과 충북 제천 등지에서 국지적으로 보이고, 산과 가까운 풀밭에서 많은 개체를 만날 수 있었다. 최근 거의 모든 지역에서 절종에 가깝게 개체 수가 줄었다. 여러 종류 꽃에 날아들며, 낮은 풀숲에서 볕을 쬐거나 텃세권을 형성하기도 한다. 한낮에 짝짓기를 한다. 알은 솔체꽃 잎 아랫면에 수백 개를 낳는다.

출현 시기 | 1월 | 2월 | 3월 | 4월 | **5월** | 6월 | 7월 | 8월 | 9월 | 10월 | 11월 | 12월

작은은점선표범나비

★★

Boloria perryi (Butler, 1882)

연 2회 이상

번데기

각종 제비꽃

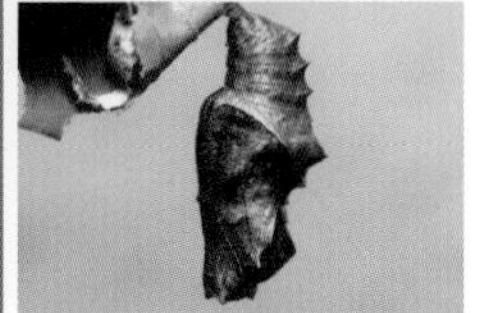

짝짓기 : 암컷(위), 수컷(아래) (2019.06.28 강원 철원군)

암컷(2019.06.28 강원 철원군)

수컷(2012.07.01 강원 인제군 서화면 서화리)

한반도 내륙 각지에 분포한다. 산지와 가까운 풀밭, 논밭 주변에서 보였으나, 최근 서식지 파괴로 개체 수가 많이 줄었다. 서식지 주변에서 멀리 가지 않고 풀숲 위를 낮게 날아다닌다. 여러 종류 꽃에 날아들며, 날개를 폈다 접었다 반복하는 경우가 많다. 알은 먹이식물 근처 아무 데나 낳는다. 애벌레 기간이 매우 짧은 편이다.

출현 시기 1월 | 2월 | 3월 | 4월 | 5월 | 6월 | 7월 | 8월 | 9월 | 10월 | 11월 | 12월

큰은점선표범나비

Boloria oscarus (Eversmann, 1844)

연 1회

3령 애벌레

노랑제비꽃

짝짓기 : 수컷(왼쪽), 암컷(오른쪽) (2018.05.19 강원 인제군 서화면 서화리)

암컷(2019.05.18 강원 인제군 서화면 서화리)

수컷(2010.05.27 강원 인제군 서화면 서화리)

경북 울진 이북의 높은 산지, 지리산, 경남 가지산 등지에서 관찰 기록이 있다. 강원도 높은 산지에서도 보인다. 다른 표범나비와 달리 노랑제비꽃만 먹는다. 수컷은 산의 탁 트인 곳을 폭넓게 날아다니며 암컷을 찾는다. 암컷은 오전에 그늘에서 쉬다가 오후부터 여러 종류 꽃에 날아든다. 알은 노랑제비꽃 주변 아무 데나 낳는다.

출현 시기 1월 | 2월 | 3월 | 4월 | **5월** | **6월** | 7월 | 8월 | 9월 | 10월 | 11월 | 12월

작은표범나비

Brenthis ino (Rottemburg, 1775)

연 1회

알

터리풀, 오이풀

짝짓기 : 암컷(왼쪽), 수컷(오른쪽) (2008.07.02 강원 인제군 서화면 서화리)

암컷(2020.06.21 강원 정선군 함백산)

수컷(2020.06.21 강원 정선군 함백산)

지리산과 충북 이북의 높은 산지에 분포한다. 서식지에서는 개체 수가 많은 편이다. 여러 종류 꽃에 날아오며, 오전에는 꽃에서 계속 꿀만 빠는 개체도 있다. 오후에 낮은 풀 위에서 짝짓기 하는 모습을 여러 번 관찰했다. 알은 먹이식물 주변 아무 데나 낳는다. 애벌레는 주로 높은 산의 터리풀 주변과 낮은 지역의 오리풀 주변에서 관찰된다.

출현 시기 | 1월 | 2월 | 3월 | 4월 | 5월 | **6월** | **7월** | **8월** | 9월 | 10월 | 11월 | 12월

큰표범나비

Brenthis daphne (Denis et Schffermüller, 1775)

연 1회

알

오이풀

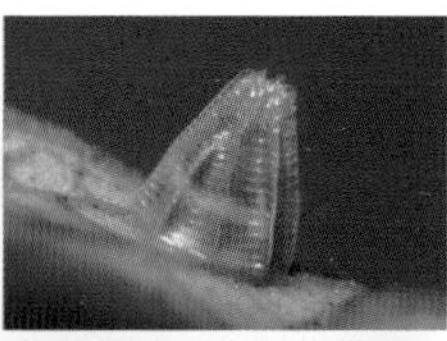

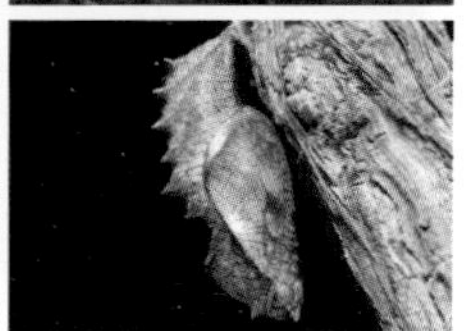

암컷 날개돋이(2010.06.09 강원 인제군 서화면 서화리 사육산)

암컷(2019.07.02 중국 옌볜)

수컷(2019.07.01 중국 옌볜)

전에는 지리산 이북의 산지에 국지적으로 분포했는데, 최근 거의 모든 지역에서 절종에 가깝게 개체 수가 줄었다. 작은표범나비는 높은 산꼭대기에서 보이고, 큰표범나비는 주로 낮은 산지의 개활지에서 보인다. 풀숲 위를 낮게 날아다니며, 여러 종류 꽃에서 꿀을 빨아 먹는다. 알은 8월쯤 오이풀 꽃송이에 한 개씩 낳는다.

출현 시기 | 1월 | 2월 | 3월 | 4월 | 5월 | **6월** | **7월** | **8월** | 9월 | 10월 | 11월 | 12월

산꼬마표범나비

★★★★

Boloria thore (Hübner, [1803])

연 1회

3령 애벌레

각종 제비꽃

짝짓기 : 수컷(왼쪽), 암컷(오른쪽) (2018.06.02 강원 정선군 함백산)

암컷(2017.05.30 강원 정선군 함백산)

수컷(2017.05.30 강원 정선군 함백산)

전에는 강원도 태백산과 오대산, 설악산 등지에 국지적으로 분포했는데, 1990년대 중반 이후 관찰 기록이 없다. 최근 함백산에서 새로운 서식지가 발견됐으나, 개체 수가 크게 줄었다. 여러 종류 꽃에 날아든다. 수컷은 나무 위와 사이를 날아다니며 암컷을 찾지만, 암컷은 풀숲에서 쉬는 경우가 많다. 알은 제비꽃 주변에 한 개씩 낳는다. 사육하면 2화도 가능하다.

출현 시기 1월 | 2월 | 3월 | 4월 | 5월 | **6월** | 7월 | 8월 | 9월 | 10월 | 11월 | 12월

암끝검은표범나비

★

Argynnis hyperbius (Linnaeus, 1763)

연 3회 이상

1~3령 애벌레

각종 제비꽃

짝짓기 : 수컷(왼쪽), 암컷(오른쪽) (2006.10.17 경북 상주시 중동면 회상리)

암컷(2020.10.18 전북 무주군)

수컷(2015.09.05 경기 가평군)

제주도와 울릉도를 포함한 남부 지방에 분포한다. 최근 서식지가 점점 북상하는 종이다. 산과 가까운 풀밭이나 민가 주변의 넓은 공터에서 자주 보인다. 여러 종류 꽃에 날아온다. 수컷은 산꼭대기에서 점유 행동을 하는데, 암컷이 산꼭대기로 올라가는 경우는 드물다. 알은 낮은 산지의 먹이식물 주변에 한 개씩 낳는다.

출현 시기 | 1월 | 2월 | 3월 | 4월 | 5월 | 6월 | 7월 | 8월 | 9월 | 10월 | 11월 | 12월

흰줄표범나비

★

Argynnis laodice (Pallas, 1771)

연 1회　　알, 1령 애벌레　　각종 제비꽃

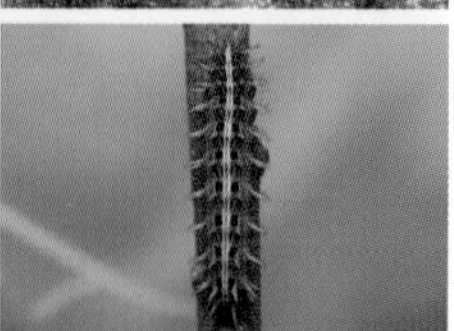

짝짓기 : 암컷(왼쪽), 수컷(오른쪽) (2020.06.06 충북 제천시 수산면)

암컷(2020.08.22 강원 양구군)

수컷(2019.06.01 충북 제천시 수산면)

제주도를 포함한 남한 전역에 분포한다. 넓은 풀밭이나 민가 주변에서 자주 눈에 띄며, 산지에서도 보인다. 5월 중순 이후에 나타나고 여러 종류 꽃에 날아든다. 6월 말쯤 짝짓기를 하는 개체가 많다. 7~8월이면 여름잠에 들어가 관찰하기 어렵고, 9월 초순부터 여러 종류 꽃에서 볼 수 있다. 알은 낮은 풀숲의 마른 나뭇잎이나 가지에 한 개씩 낳는다.

출현 시기　1월 | 2월 | 3월 | 4월 | 5월 | 6월 | 7월 | 8월 | 9월 | 10월 | 11월 | 12월

큰흰줄표범나비

★★★

Argynnis ruslana Motschulsky, 1866

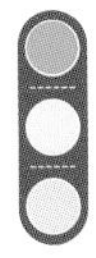

연 1회 알, 1령 애벌레 각종 제비꽃

암컷(2020.08.13 강원 양구군 해안면 오유리)

암컷(2020.08.22 강원 인제군 서화면 서화리)

수컷(2020.08.08 강원 홍천군 내면 운두령)

지리산 이북의 산지에서 주로 보인다. 흰줄표범나비보다 산지성이 강하며, 능선이나 산꼭대기 부근 여러 종류 꽃에서 볼 수 있다. 6월 말에 나타났다가 한여름에는 여름잠을 잔다. 기온이 낮은 높은 산에서는 여름잠을 자지 않는 개체도 가끔 눈에 띈다. 8월 말에 꽃에서 꿀을 빨아 먹는 개체가 흔히 보인다. 알은 먹이식물 주변 아무 데나 한 개씩 낳는다.

출현 시기 1월 | 2월 | 3월 | 4월 | 5월 | 6월 | 7월 | 8월 | 9월 | 10월 | 11월 | 12월

구름표범나비

★★★

Argynnis anadyomene C. et R. Felder, 1862

연 1회

알, 1령 애벌레

각종 제비꽃

짝짓기 : 암컷(왼쪽), 수컷(오른쪽) (2014.06.07 강원 평창군 진부면)

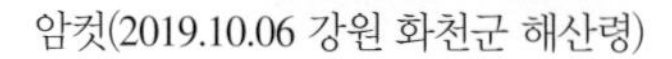

암컷(2019.10.06 강원 화천군 해산령)

수컷(2010.06.18 강원 화천군 해산령)

지리산 이북의 높은 산지에서 보인다. 최근 개체 수가 급격히 줄었다. 대형 표범나비 중에서 가장 빠른 5월 말쯤에 나타나고, 땅바닥에서 물을 빨아 먹는 모습이 눈에 띈다. 여러 종류 꽃에 날아든다. 한여름에 여름잠을 자다가 8월 중순부터 다시 활동한다. 알은 돌 틈이나 나뭇가지, 낙엽 등 가리지 않고 한 개씩 낳는다. 10월 초순에 산란하는 개체도 있다.

출현 시기 1월 | 2월 | 3월 | 4월 | 5월 | 6월 | 7월 | 8월 | 9월 | 10월 | 11월 | 12월

암검은표범나비

★★★

Argynnis sagana Doubleday, 1847

연 1회

1~3령 애벌레

각종 제비꽃

짝짓기 : 암컷(왼쪽), 수컷(오른쪽) (2013.08.27 강원 춘천시 남면 가정리)

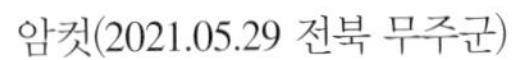

암컷(2021.05.29 전북 무주군)

수컷(2021.05.29 전북 무주군)

제주도를 포함한 남한 전역에 분포한다. 남부 지방에 주로 분포했으나 최근 강원도 높은 산지에서 자주 보이며, 특히 백두산 주변에서 많은 개체를 관찰했다. 5월 중순 이후에 나타나 여러 종류 꽃에 날아든다. 8월 말쯤 짝짓기 하는 개체를 여럿 관찰했다. 수컷이 암컷을 달고 힘차게 날아다녀서 촬영하기 어렵다. 알은 먹이식물 주변에 한 개씩 낳는다.

출현 시기 | 1월 | 2월 | 3월 | 4월 | 5월 | 6월 | 7월 | 8월 | 9월 | 10월 | 11월 | 12월

은줄표범나비

★★★

Argynnis paphia (Linnaeus, 1758)

연 1회 1령 애벌레 각종 제비꽃

짝짓기 : 암컷(왼쪽), 수컷(오른쪽) (2010.06.22 강원 춘천시 남면 가정리)

암컷(2021.05.29 전북 무주군)

수컷(2007.06.29 강원 춘천시 남면 가정리)

제주도와 울릉도를 포함한 남한 전역에 분포한다. 애벌레는 주로 산지의 계곡 근처나 풀숲이 우거진 오솔길 주변에서 쉽게 볼 수 있다. 6월 중순쯤 나타나며, 여러 종류 꽃에 날아든다. 한여름에 여름잠을 자다가 9월 중순에 깬 암컷이 활동을 시작한다. 알은 먹이식물 주변 바위틈이나 나무 밑동 틈에 낳는 경우가 많다.

출현 시기 1월 | 2월 | 3월 | 4월 | 5월 | **6월 | 7월 | 8월 | 9월 | 10월** | 11월 | 12월

산은줄표범나비

★★★

Argynnis zenobia Leech, 1890

연 1회 | 1~3령 애벌레 | 각종 제비꽃

암컷(2021.06.04 전북 무주군)

암컷(2020.09.05 경기 가평군 화악산)

수컷(2006.06.28 강원 춘천시 남면 가정리)

경북 이북의 산지에 분포한다. 산지성이 매우 강해 주로 높은 산이나 산꼭대기에서 보이며, 늦가을 산란철에는 낮은 산지에서도 눈에 띈다. 6월 중순부터 나타나고, 여러 종류 꽃에 날아온다. 여름잠을 자지만 높은 산에서는 자지 않는다. 알은 먹이식물 주변에 한 개씩 낳는다. 실내에서 사육할 때 온도에 따라 2화가 나오거나 3령으로 겨울을 난다.

출현 시기 1월 | 2월 | 3월 | 4월 | 5월 | 6월 | 7월 | 8월 | 9월 | 10월 | 11월 | 12월

긴은점표범나비

★

Fabriciana vorax (Butler, 1871)

연 1회

알, 1령 애벌레

각종 제비꽃

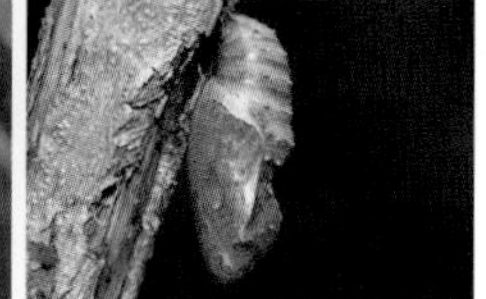

짝짓기 : 수컷(왼쪽), 암컷(오른쪽) (2011.07.06 강원 화천군 해산령)

암컷(2011.06.28 강원 홍천군 내면 을수골)

수컷(2018.06.23 강원 화천군 해산령)

제주도를 포함한 남한 전역에 분포한다. 낮은 산지 풀숲에서 흔히 볼 수 있다. 강원 영월에서 애벌레를 조사하면 예전에는 표범나비 종류가 5~6종 보였으나, 최근에는 긴은점표범나비 애벌레가 90%를 차지한다. 다른 표범나비가 감소한 것으로 보인다. 6월 중순에 나타나 여러 종류 꽃에 날아든다. 알은 8월 말부터 먹이식물 주변에 한 개씩 낳는다.

출현 시기 | 1월 | 2월 | 3월 | 4월 | 5월 | **6월** | **7월** | **8월** | **9월** | **10월** | 11월 | 12월

은점표범나비

★★★

Fabriciana niobe (Linnaeus, 1758)

연 1회

1령 애벌레

각종 제비꽃

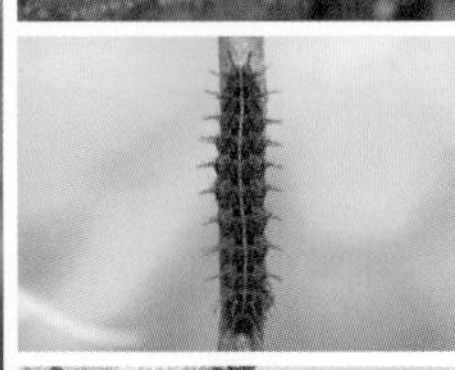

짝짓기 : 수컷(왼쪽), 암컷(오른쪽) (2012.07.01 강원 인제군 서화면 서화리)

암컷(2007.07.03 강원 화천군 해산령)

수컷(2019.06.06 강원 인제군 서화면 서화리)

지리산 이북의 산지에 분포한다. 최근 기후변화로 많은 곳에서 사라졌고, 낮은 지역에서는 개체 수가 급격히 줄었다. 6월 중순부터 나타나 여러 종류 꽃에 날아든다. 8월 말쯤 여름잠에서 깬 암컷은 알을 먹이식물 주변에 한 개씩 낳는다. 보통 은점표범나비와 북방은점표범나비, 한라은점표범나비를 같은 종으로 취급하나, 이 도감에서는 다른 종으로 나눴다.

출현 시기 1월 | 2월 | 3월 | 4월 | 5월 | 6월 | 7월 | 8월 | 9월 | 10월 | 11월 | 12월

북방은점표범나비(신칭)

Fabriciana xipe (Grum-Grshimailo, 1891)

연 1회

알, 1령 애벌레

각종 제비꽃

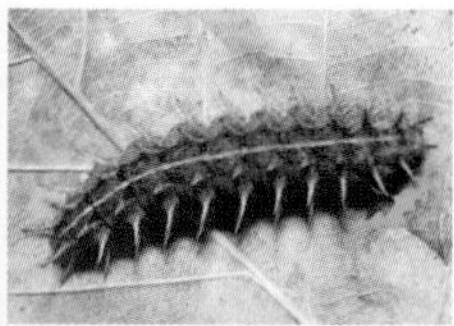

암컷(2007.07.03 강원 화천군 해산령)

암컷(2018.06.18 중국 사육산)

수컷(2019.07.13 중국 옌벤)

남한은 강원 철원 · 춘천 · 화천 등지에서 보이며, 관찰 기록이 많지 않다. 그동안 은점표범나비와 같은 종으로 취급했다. 최근 개체 수가 상당히 줄었다. 주로 6월 말~7월 중순에 여러 종류 꽃에 날아든다. 생태는 다른 표범나비류와 비슷할 것으로 보인다. 암컷은 은점표범나비 암컷처럼 흑화형이 없고, 수컷의 성표는 한 줄로 뚜렷하다.

출현 시기 1월 | 2월 | 3월 | 4월 | 5월 | 6월 | 7월 | 8월 | 9월 | 10월 | 11월 | 12월

한라은점표범나비

★★★

Fabriciana hallasanensis Okano, 1998

연 1회

1령 애벌레

각종 제비꽃

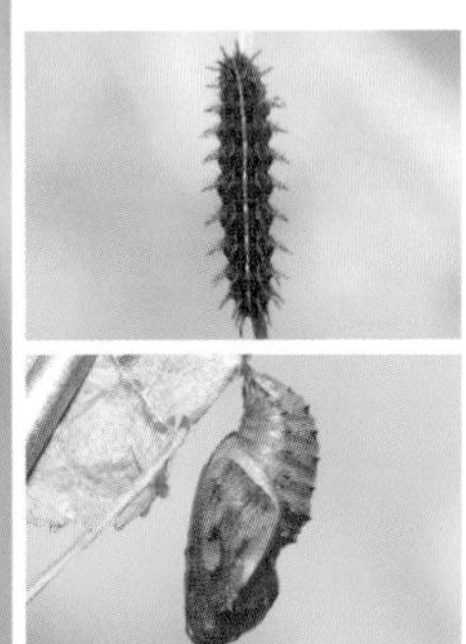

암컷(2021.07.13 제주도 한라산)

암컷(2021.07.13 제주도 한라산)

수컷(2021.07.21 제주도 한라산)

제주도 한라산에 분포하는 한국 고유종이다. 그동안 은점표범나비와 같은 종으로 취급했지만, 애벌레와 어른벌레 생김새가 완전히 다르다. 주로 한라산 1300~1700m 고산지대에서 보이며, 애벌레도 1700m 고산지대에서 눈에 띈다. 여러 종류 꽃에 날아들고, 다른 표범나비와 달리 여름잠을 자지 않는다.

출현 시기 | 1월 | 2월 | 3월 | 4월 | 5월 | 6월 | **7월** | **8월** | **9월** | 10월 | 11월 | 12월

왕은점표범나비

★★★

환경부 지정
멸종 위기 야생 생물 II급

Fabriciana nerippe (C. et R. Felder, 1862)

연 1회

알, 1령 애벌레

각종 제비꽃

짝짓기(2012.06.14 충북 제천시 수산면)

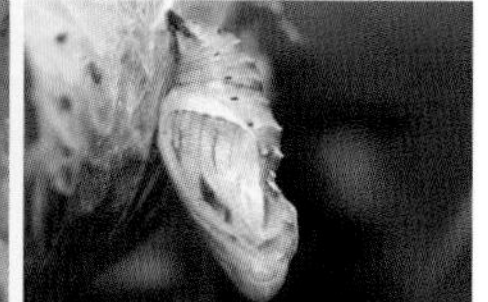

암컷(2012.06.09 충북 제천시 수산면)

수컷(2021.06.16 충북 제천시 수산면)

중부 내륙지역에 국지적으로 분포한다. 제주도에서 관찰 기록이 있으나 최근 보이지 않는다. 인천 굴업도에 많은 개체가 서식하는 것으로 알려졌다. 6월 초순부터 나타나 여러 종류 꽃에 날아든다. 수컷은 한낮에 활발히 날아다니며 암컷을 찾는다. 암컷은 한여름에 여름잠을 자고, 8월 하순에 다시 나타난다. 알은 먹이식물 주변에 한 개씩 낳는다.

출현 시기 | 1월 | 2월 | 3월 | 4월 | 5월 | 6월 | 7월 | 8월 | 9월 | 10월 | 11월 | 12월

풀표범나비

★★★★★

Speyeria aglaja (Linnaeus, 1758)

연 1회

알, 1령 애벌레

각종 제비꽃

짝짓기 : 암컷(위), 수컷(아래) (2012.07.12 중국 옌볜)

암컷(2018.06.23 중국 옌볜)

수컷(2022.06.08 강원 인제군 서화면 서화리)

강원도 높은 산지에 국지적으로 분포한다. 최근 개체 수가 크게 줄었다. 높은 산지 풀밭에서 볼 수 있는데, 개체 수가 많지 않다. 6월 초순부터 나타나 여러 종류 꽃에 날아든다. 한여름에는 여름잠을 잔다. 주로 높은 산지에 살고 초가을까지 활동한다. 알은 먹이식물 주변에 한 개씩 낳는다. 종령 애벌레는 번데기가 될 때 낙엽을 말아 번데기 방을 만든다.

출현 시기 | 1월 | 2월 | 3월 | 4월 | 5월 | 6월 | 7월 | 8월 | 9월 | 10월 | 11월 | 12월

별선두리왕나비 암컷 윗면

별선두리왕나비 암컷 아랫면

별선두리왕나비 수컷 윗면

별선두리왕나비 수컷 아랫면

끝검은왕나비 암컷 윗면

끝검은왕나비 암컷 아랫면

끝검은왕나비 수컷 윗면

끝검은왕나비 수컷 아랫면

네발나비과 어리표범나비류 동정 키포인트

여름어리표범나비 암컷 윗면

여름어리표범나비 암컷 아랫면

여름어리표범나비 수컷 윗면

여름어리표범나비 수컷 아랫면

담색어리표범나비 암컷 윗면

담색어리표범나비 암컷 아랫면

담색어리표범나비 수컷 윗면

담색어리표범나비 수컷 아랫면

암어리표범나비 암컷 윗면

암어리표범나비 암컷 아랫면

암어리표범나비 수컷 윗면

암어리표범나비 수컷 아랫면

금빛어리표범나비 암컷 윗면

금빛어리표범나비 암컷 아랫면

금빛어리표범나비 수컷 윗면

금빛어리표범나비 수컷 아랫면

네발나비과 표범나비류 동정 키포인트

작은은점선표범나비 암컷 윗면

작은은점선표범나비 암컷 아랫면

작은은점선표범나비 수컷 윗면

작은은점선표범나비 수컷 아랫면

큰은점선표범나비 암컷 윗면

큰은점선표범나비 암컷 아랫면

큰은점선표범나비 수컷 윗면

큰은점선표범나비 수컷 아랫면

작은표범나비 암컷 윗면

작은표범나비 암컷 아랫면

작은표범나비 수컷 윗면

작은표범나비 수컷 아랫면

큰표범나비 암컷 윗면

큰표범나비 암컷 아랫면

큰표범나비 수컷 윗면

큰표범나비 수컷 아랫면

산꼬마표범나비 암컷 윗면

산꼬마표범나비 암컷 아랫면

산꼬마표범나비 수컷 윗면

산꼬마표범나비 수컷 아랫면

암끝검은표범나비 암컷 윗면

암끝검은표범나비 암컷 아랫면

암끝검은표범나비 수컷 윗면

암끝검은표범나비 수컷 아랫면

흰줄표범나비 암컷

흰줄표범나비 암컷

흰줄표범나비 수컷

흰줄표범나비 수컷

큰흰줄표범나비 암컷

큰흰줄표범나비 암컷

큰흰줄표범나비 수컷

큰흰줄표범나비 수컷

구름표범나비 암컷

구름표범나비 암컷

구름표범나비 수컷

구름표범나비 수컷

암검은표범나비 암컷

암검은표범나비 암컷

암검은표범나비 수컷

암검은표범나비 수컷

은줄표범나비 암컷

은줄표범나비 암컷

은줄표범나비 수컷

은줄표범나비 수컷

산은줄표범나비 암컷

산은줄표범나비 암컷

산은줄표범나비 수컷

산은줄표범나비 수컷

긴은점표범나비 암컷

긴은점표범나비 암컷

긴은점표범나비 수컷

긴은점표범나비 수컷

은점표범나비 암컷

은점표범나비 암컷

은점표범나비 수컷

은점표범나비 수컷

북방은점표범나비 암컷 윗면

북방은점표범나비 암컷 아랫면

북방은점표범나비 수컷 윗면

북방은점표범나비 수컷 아랫면

한라은점표범나비 암컷 윗면

한라은점표범나비 암컷 아랫면

한라은점표범나비 수컷 윗면

한라은점표범나비 수컷 아랫면

왕은점표범나비 암컷 윗면

흰 점이 있다.
하트 모양이다.

왕은점표범나비 암컷 아랫면

왕은점표범나비 수컷 윗면

하트 모양이다.

왕은점표범나비 수컷 아랫면

풀표범나비 암컷 윗면

풀표범나비 암컷 아랫면

풀표범나비 수컷 윗면

풀표범나비 수컷 아랫면

제일줄나비

Limenitis helmanni Lederer, 1853

연 2회

3령 애벌레

인동, 괴불나무류, 병꽃나무

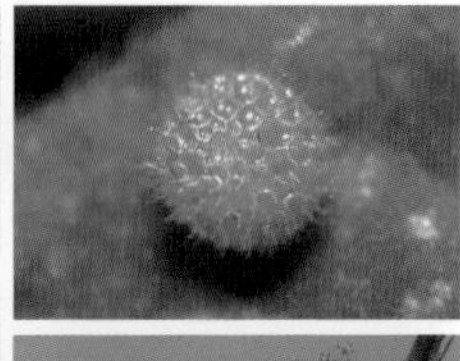

짝짓기 : 암컷(위), 수컷(아래) (2014.05.20 충북 제천시 수산면)

산란(2020.06.11 전북 장수군 계북면)

수컷(2019.06.13 강원 춘천시 남면 가정리)

제주도를 포함한 남한 전역에 분포한다. 주로 낮은 산지와 민가 주변에서 보인다. 5월 중순부터 나타나고, 땅바닥에서 물을 빨아 먹는 모습이 자주 눈에 띈다. 가끔 꽃에도 날아오나 짐승의 배설물을 더 좋아한다. 제이줄나비와 서식지가 많이 겹친다. 알은 먹이식물 잎 아랫면에 한 개씩 낳는다.

출현 시기 1월 | 2월 | 3월 | 4월 | 5월 | 6월 | 7월 | 8월 | 9월 | 10월 | 11월 | 12월

제이줄나비

★★

Limenitis doerriesi Staudinger, 1892

연 2회

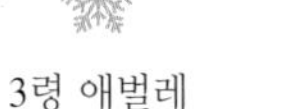

3령 애벌레

인동, 괴불나무류, 병꽃나무

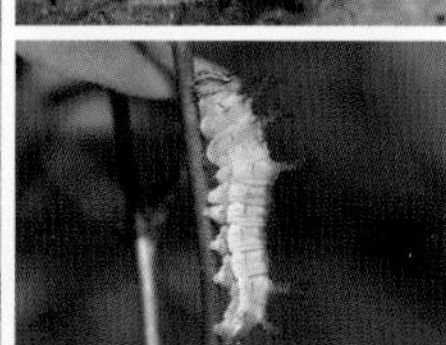

암컷(2010.08.07 강원 영월군 한반도면 쌍용리)

수컷(2012.05.26 경기 가평군 화야산)

수컷(2020.06.21 강원 정선군 함백산)

제주도와 울릉도를 제외한 남한 전역에 분포한다. 주로 낮은 산지와 민가 주변에서 보인다. 제일줄나비보다 일주일 늦은 5월 하순에 나타난다. 서식지, 애벌레의 생태, 어른벌레의 활동성이 제일줄나비와 매우 비슷하다. 땅바닥에서 물을 빨아 먹거나 짐승의 배설물에 모이는 경우가 많다. 알은 먹이식물 잎 아랫면에 한 개씩 낳는다.

출현 시기 1월 | 2월 | 3월 | 4월 | 5월 | 6월 | 7월 | 8월 | 9월 | 10월 | 11월 | 12월

제삼줄나비

★★★

Limenitis homeyeri Tancré, 1881

연 1회 3령 애벌레 확인되지 않음

암컷(2011.07.10 중국 옌벤)

수컷(2022.06.19 강원 평창군 오대산)

수컷(2022.06.19 강원 평창군 오대산)

강원도 계방산과 오대산 등지에서 보인다. 국내에서는 정확한 생태가 밝혀지지 않았으나, 러시아에 홍괴불나무를 먹고 산다는 기록이 있다. 6월 중순부터 나타나며, 땅바닥에서 물을 빨아 먹는 모습이 자주 눈에 띈다. 암컷은 여러 종류 꽃에 날아와 꿀을 빨아 먹는다.

출현 시기 | 1월 | 2월 | 3월 | 4월 | 5월 | **6월** | **7월** | **8월** | 9월 | 10월 | 11월 | 12월

줄나비

★★★

Limenitis camilla (Linnaeus, 1764)

연 2회 이상

3령 애벌레

병꽃나무, 괴불나무

수컷(2008.05.29 강원 춘천시 남면 가정리)

암컷(2011.06.28 강원 홍천군 내면 을수골)

수컷(2018.06.23 강원 화천군 해산령)

남한 전역에서 흔히 보였으나 최근 개체 수가 상당히 줄었다. 주로 계곡 근처 산길 땅바닥에서 물을 빨아 먹는 모습이 눈에 띈다. 1화는 5월 중하순부터 나타나고, 2화는 7~8월에 보인다. 수컷은 오후에 높은 나뭇잎 위에서 점유 행동을 하고, 암컷은 주로 그늘진 곳에 앉는다. 알은 병꽃나무 잎 아랫면에 한 개씩 낳는다.

출현 시기 | 1월 | 2월 | 3월 | 4월 | 5월 | 6월 | 7월 | 8월 | 9월 | 10월 | 11월 | 12월

참줄나비

★★★

Limenitis moltrechti Kardakoff, 1928

연 1회

3령 애벌레

병꽃나무

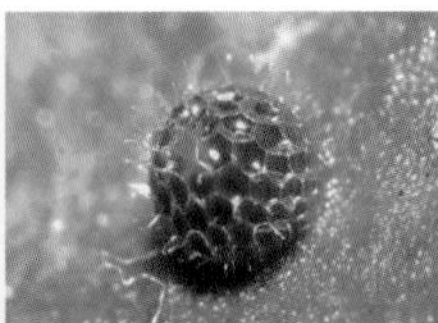

암컷(2010.06.24 강원 화천군 해산령)

수컷(2021.06.19 강원 홍천군 서석면 어론리)

수컷(2018.06.23 강원 화천군 해산령)

강원, 경기, 충북의 산지에서 주로 보인다. 경기도 높은 산지와 강원도 산지에서도 개체 수가 감소해 만나기 어렵다. 오전에 땅바닥이나 낮은 풀숲에 앉아 물을 빨아 먹고, 오후에는 산꼭대기에서 점유 행동을 활발히 한다. 6월 중순부터 나타나며, 때때로 꽃에도 날아오나 짐승의 배설물을 더 좋아한다. 알은 오후에 병꽃나무 잎 아랫면에 한 개씩 낳는다.

출현 시기 1월 | 2월 | 3월 | 4월 | 5월 | 6월 | 7월 | 8월 | 9월 | 10월 | 11월 | 12월

참줄사촌나비

★★★★

Limenitis amphyssa Ménétriès, 1859

연 1회

3령 애벌레

괴불나무

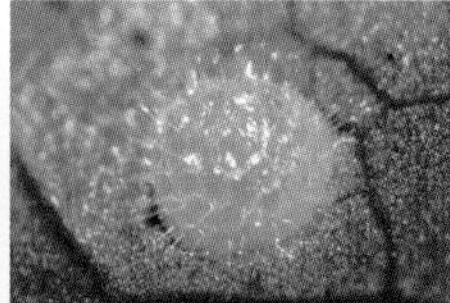

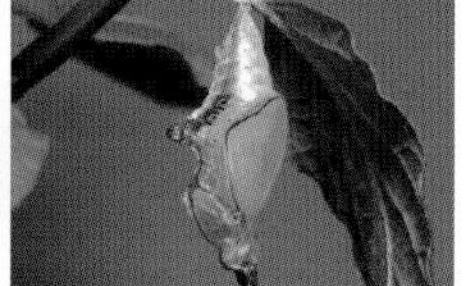

암컷(2022.05.28 강원 평창군)

수컷(2010.06.15 강원 양구군 방산면 천미리)

수컷(2010.06.25 강원 평창군 계방산)

강원 평창 · 정선 · 홍천 · 양구 등지에 국지적으로 분포한다. 최근에는 만나기 어려울 정도로 희귀해졌다. 유일한 먹이식물인 괴불나무 서식 유무가 중요하다. 다른 줄나비류 애벌레보다 눈에 잘 띄어 노린재 같은 천적에게 잡아먹히는 경우가 많다. 6월 중순부터 땅바닥에서 물을 빨아 먹는 모습이 보이나, 꽃에는 오지 않는다. 알은 괴불나무 잎 아랫면에 한 개씩 낳는다.

출현 시기 | 1월 | 2월 | 3월 | 4월 | 5월 | **6월** | **7월** | **8월** | 9월 | 10월 | 11월 | 12월

굵은줄나비

★★

Limenitis sydyi Lederer, 1853

연 2회

3령 애벌레

조팝나무, 참조팝나무, 당조팝나무

암컷(2010.06.22 강원 춘천시 남면 가정리)

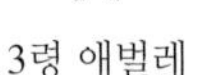

산란(2010.07.12 강원 인제군 서화면 서화리)

수컷(2019.06.08 강원 철원군)

제주도와 울릉도를 제외한 남한 전역에 분포한다. 주로 낮은 산지의 개활지, 민가 주변에서 보인다. 강원도 높은 산지에서는 참조팝나무를, 낮은 산지에서는 조팝나무를 좋아한다. 6월 초순부터 나타난다. 오전에는 땅바닥에서 물을 빨아 먹는 모습이 자주 눈에 띄며, 꽃에도 잘 날아든다. 알은 조팝나무 잎 아랫면에 한 개씩 낳는다.

출현 시기 1월 | 2월 | 3월 | 4월 | 5월 | **6월 | 7월 | 8월** | 9월 | 10월 | 11월 | 12월

왕줄나비

★★★★

Limenitis populi (Linnaeus, 1758)

연 1회

3령 애벌레

황철나무

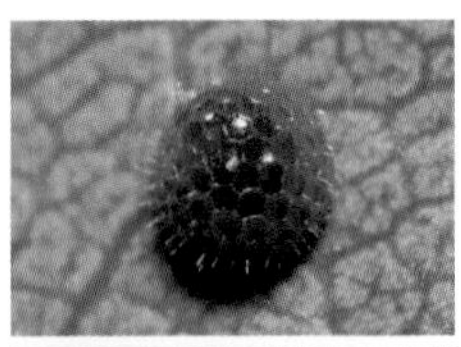

암컷(2019.07.25 중국 옌볜)

수컷(2011.06.28 강원 홍천군 내면 을수골)

수컷(2022.06.19 강원 평창군 오대산)

강원도 높은 산지에서 보인다. 최근에 개체 수가 크게 줄었다. 국내에서는 아직 정확한 생태가 밝혀지지 않았다. 수컷은 오전 10시쯤부터 땅바닥에서 물을 빨아 먹고, 짐승의 배설물에 잘 모인다. 암컷은 오후 2시쯤부터 왕성하게 활동하고, 수액이나 썩은 과일을 좋아하며 가끔 꽃에도 날아온다. 나무의 높은 곳에 알을 낳기 때문에 애벌레 찾기가 어렵다.

출현 시기 1월 | 2월 | 3월 | 4월 | 5월 | 6월 | 7월 | 8월 | 9월 | 10월 | 11월 | 12월

홍줄나비

★★★★

Chalinga pratti (Leech, 1890)

연 1회

3령 애벌레

잣나무

짝짓기 : 수컷(왼쪽), 암컷(오른쪽) (2012.08.06 중국 옌볜)

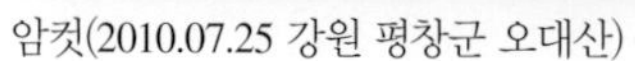

암컷(2010.07.25 강원 평창군 오대산)

수컷(2010.07.06 강원 평창군 오대산)

토종 잣나무의 남방 한계선인 강원도 설악산과 오대산에 국지적으로 분포하는 것으로 보인다. 6월 말부터 나타난다. 수컷은 주로 오전에, 암컷은 오후에 땅바닥에 내려와 물을 빨아 먹는다. 오후에 수컷이 잣나무 주변을 날아다니거나 높은 가지에 앉아 쉬는 모습이 눈에 띈다. 알은 잣나무 잎끝에 한 개씩 낳는다.

출현 시기 1월 | 2월 | 3월 | 4월 | 5월 | 6월 | **7월** | 8월 | 9월 | 10월 | 11월 | 12월

애기세줄나비

★

Neptis sappho (Pallas, 1771)

연 2회 이상

종령 애벌레

나비나물, 아까시나무, 싸리, 칡 등

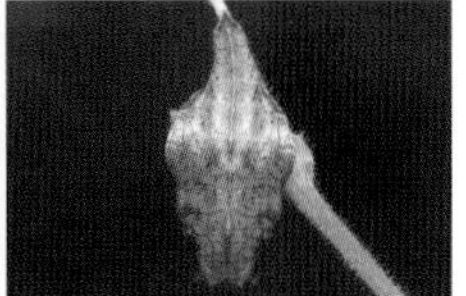

짝짓기 : 수컷(왼쪽), 암컷(오른쪽) (2011.05.23 경북 의성군)

산란(2019.06.06 강원 인제군 서화면 서화리)

수컷(2020.05.13 강원 인제군 서화면 서화리)

제주도와 울릉도를 포함한 남한 전역에 분포한다. 먹이식물이 흔해 낮은 산이나 민가 주변 등 전국 어디서나 볼 수 있다. 종령 애벌레로 겨울을 나기 때문에 줄나비류 중에 가장 이른 시기에 나타난다. 땅바닥에서 물을 빨아 먹고 가끔 꽃에도 모인다. 알은 날개를 편 채 먹이식물 잎 위에 한 개씩 낳는다.

출현 시기 | 1월 | 2월 | 3월 | 4월 | 5월 | 6월 | 7월 | 8월 | 9월 | 10월 | 11월 | 12월

별박이세줄나비

Neptis pryeri Butler, 1871

연 2회

3령 애벌레

조팝나무

산란(2011.07.24 강원 춘천시 남면 가정리)

암컷(2020.06.28 강원 철원군)

수컷(2021.05.10 전북 전주시 덕진구 호동골)

제주도와 울릉도를 제외한 전역에 분포한다. 예전에는 개체 수가 많았으나 최근 상당히 줄었다. 주로 산과 가까운 개활지 주변에서 보이며, 여러 종류 꽃과 짐승의 배설물에 모인다. 오전에는 땅바닥이나 낮은 풀숲에 앉아서 물을 빨아 먹는다. 알은 조팝나무 잎 아랫면에 한 개씩 낳고, 그 주변에 다시 낳는 습성이 있다.

출현 시기 | 1월 | 2월 | 3월 | 4월 | **5월** | **6월** | **7월** | **8월** | **9월** | **10월** | 11월 | 12월

개마별박이세줄나비

Neptis andetria Fruhstofer, 1913

연 1회

3령 애벌레

참조팝나무, 조팝나무

암컷(2020.06.27 강원 설악산)

암컷(2021.05.29 경기 가평군 화악산 사육산)

수컷(2010.06.25 강원 홍천군 내면 을수골)

강원도와 경기도 높은 산지에서 주로 보이나, 충북 제천의 낮은 산지에서도 관찰 기록이 있다. 최근에 분류된 종이다. 별박이세줄나비와 서식지가 같지만, 비교적 높은 곳과 나무가 울창한 숲 주변 풀밭에서는 개마별박이세줄나비 비율이 높다. 여러 종류 꽃에 날아들며, 짐승의 배설물에 잘 모인다. 알은 참조팝나무 잎 아랫면에 한 개씩 낳는다.

출현 시기 | 1월 | 2월 | 3월 | 4월 | 5월 | **6월** | **7월** | **8월** | 9월 | 10월 | 11월 | 12월

높은산세줄나비

★★★

Neptis speyeri Staudinger, 1887

연 1회

3령 애벌레

까치박달, 개암나무

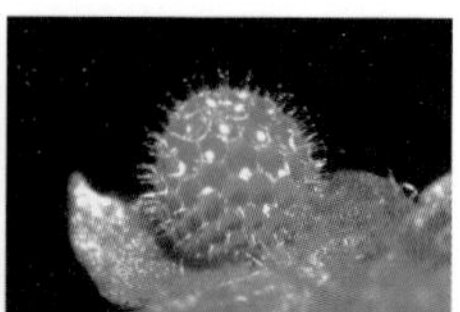

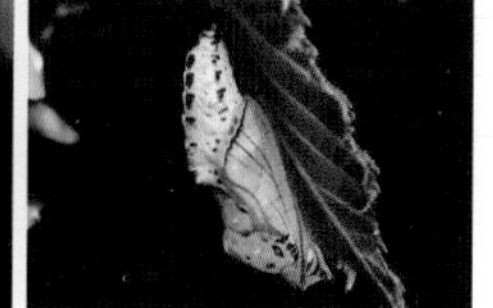

산란(2021.07.24 강원 평창군 오대산)

수컷(2022.06.19 강원 평창군 오대산)

수컷(2021.06.10 전북 무주군 덕유산)

남한 내륙 전역에 분포한다. 강원도보다 중부와 남부 지역에서 많은 개체가 보인다. 계곡이 있는 산 주변에서 많이 눈에 띈다. 오전에는 땅바닥에서 물을 빨아 먹으며, 짐승의 배설물에도 잘 모인다. 알은 먹이식물 잎 끝부분에 한 개씩 낳는다.

출현 시기 | 1월 | 2월 | 3월 | 4월 | 5월 | **6월** | **7월** | 8월 | 9월 | 10월 | 11월 | 12월

세줄나비

Neptis philyra Ménétriès, 1859

연 1회 | 4령 애벌레 | 단풍나무, 고로쇠나무, 신나무

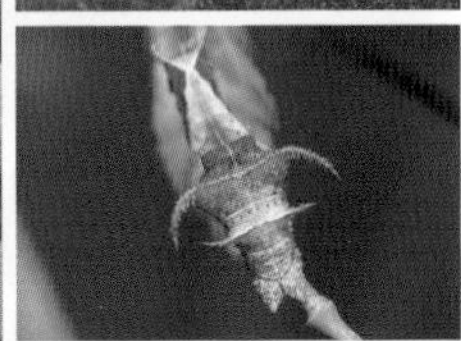

짝짓기 : 암컷(위), 수컷(아래) (2012.06.17 강원 홍천군 내면 명개리)

암컷(2021.06.22 강원 철원군)

수컷(2019.06.06 강원 인제군 서화면 서화리)

울릉도를 제외한 지리산 이북 지역에 분포하며, 북쪽으로 갈수록 개체 수가 많다. 최근 개체 수가 급격히 줄었다. 주로 숲이 우거진 계곡이나 숲속 개활지에서 보인다. 오전에는 땅바닥에서 물을 빨아 먹으며, 짐승의 배설물에 잘 모인다. 알은 그늘진 곳에 있는 먹이식물의 잎 윗면에 한 개씩 낳는다.

출현 시기 | 1월 | 2월 | 3월 | 4월 | 5월 | 6월 | 7월 | 8월 | 9월 | 10월 | 11월 | 12월

참세줄나비 ★★

Neptis philyroides Staudinger, 1887

연 1회 4령 애벌레 개암나무, 까치박달

암컷(2021.06.10 전북 무주군 덕유산)

수컷(2017.05.16 경기 가평군 화야산)

수컷(2021.05.09 경기 남양주시 와부읍 사육산)

섬 지역을 제외한 내륙 전역에 분포한다. 산지의 계곡, 산길, 숲 가장자리에서 보인다. 세줄나비보다 일주일쯤 빠른 5월 중순에 나타난다. 오전에는 자주 땅바닥에서 물을 빨아 먹으며, 오후에는 사람 키보다 약간 높은 나뭇잎 위에서 날개를 펴고 햇볕을 쬔다. 수컷은 오후에 암컷을 찾아 나무 사이를 날아다닌다. 알은 먹이식물 잎끝에 한 개씩 낳는다.

출현 시기 1월 | 2월 | 3월 | 4월 | 5월 | 6월 | 7월 | 8월 | 9월 | 10월 | 11월 | 12월

왕세줄나비

Neptis alwina (Bremer et Grey, 1853)

연 1회　　3령 애벌레　　복사나무, 이스라지

짝짓기 : 암컷(위), 수컷(아래) (2021.06.16 충북 제천시 수산면 고명리)

산란(2018.08.08 강원 인제군 서화면 서화리)

수컷(2019.06.01 충북 제천시 수산면 고명리)

제주도와 남해안 지역을 제외한 남한 선역에 분포한다. 주로 낮은 산 계곡 주변, 산 초입, 민가 주변에서 보인다. 6월 초순부터 나타나 땅바닥에서 물을 자주 빨아 먹는다. 수컷은 먹이식물 주변에서 암컷을 찾아다닌다. 가끔 날개돋이 직전의 암컷 번데기를 수컷 여러 마리가 지키는 모습도 관찰된다. 암컷은 8월 말에도 볼 수 있다. 알은 먹이식물 잎 윗면에 1~5개 낳는다.

출현 시기 | 1월 | 2월 | 3월 | 4월 | 5월 | **6월** | **7월** | **8월** | 9월 | 10월 | 11월 | 12월

북방황세줄나비

★★★★

Neptis tshetverikovi Kurentzov, 1936

연 1회

4령 애벌레

자작나무

암컷(2010.06.25 강원 평창군 계방산)

수컷(2022.06.19 강원 평창군 오대산)

수컷(2010.06.25 강원 평창군 계방산)

강원도 가리왕산 이북 지역에 분포한다. 최근 개체 수가 급격히 줄었다. 산황세줄나비보다 조금 이른 6월 중순쯤 나타난다. 날개의 흰색 줄무늬가 다른 황세줄나비에 비해 노란색이 강하다. 오전에는 주로 땅바닥에서 물을 빨아 먹으며, 짐승의 배설물에도 잘 모인다. 암컷은 대체로 오후에 활동하지만 관찰하기 어렵다.

출현 시기 1월 | 2월 | 3월 | 4월 | 5월 | **6월 | 7월** | 8월 | 9월 | 10월 | 11월 | 12월

황세줄나비

Neptis thisbe Ménétriès, 1859

연 1회

3령 애벌레

신갈나무, 떡갈나무, 상수리나무

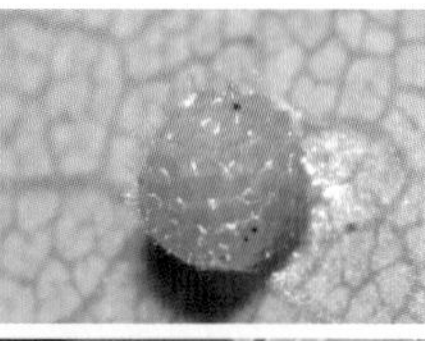

암컷(2010.07.21 강원 평창군 오대산)

수컷(2019.06.06 강원 인제군 서화면 서화리)

수컷(2010.06.25 강원 평창군 계방산)

섬 지역을 제외한 전역에 분포한다. 최근 개체 수가 크게 줄었다. 날개 무늬는 저지대에서 흰색이 강하며, 고산지대에서는 노란색이 돈다. 백두산 주변에서는 북방황세줄나비와 비슷한 노란색을 띤다. 오전에는 땅바닥에서 물을 빨아 먹으며, 짐승의 배설물에도 잘 모인다. 참나무류, 피나무, 자작나무, 벚나무, 가래나무 등에서 월동형 애벌레를 관찰한 적이 있다.

출현 시기 | 1월 | 2월 | 3월 | 4월 | 5월 | **6월** | **7월** | **8월** | 9월 | 10월 | 11월 | 12월

산황세줄나비

★★★

Neptis ilos Fruhstorfer, 1909

연 1회

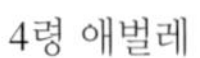

4령 애벌레

단풍나무로 추정

암컷(2017.07.02 강원 화천군 해산령)

수컷(2022.06.22 강원 화천군 해산령)

수컷(2022.06.25 강원 화천군 해산령)

지리산 이북 고산지대에 주로 분포한다. 아직 생태가 정확하게 밝혀지지 않았다. 북방황세줄나비나 황세줄나비보다 조금 늦은 6월 말쯤 나타난다. 백두산 주변에서 보이는 산황세줄나비는 노란빛을 띠는 흰색 줄무늬가 있다. 오전에는 땅바닥에서 자주 물을 빨아 먹는다. 수컷은 오후에 나무 주변을 배회하듯 날아다니며 암컷을 찾는 경우가 많다.

출현 시기 1월 | 2월 | 3월 | 4월 | 5월 | 6월 | 7월 | 8월 | 9월 | 10월 | 11월 | 12월

두줄나비

★★★

Neptis rivularis (Scopoli, 1763)

연 2회 4령 애벌레 조팝나무

짝짓기 : 암컷(위), 수컷(아래) (2020.05.21 강원 철원군)

암컷(2020.05.21 강원 철원군)

수컷(2020.05.12 강원 철원군)

지리산 이북 지역에 폭넓게 분포한다. 주로 산과 가까운 풀밭, 무덤가, 숲의 개활지에서 보인다. 최근 개체 수가 급격히 줄었다. 풀숲 위를 낮게 날아다니며 여러 종류 꽃에 날아든다. 수컷은 한낮에 풀숲 위로 낮게 날아다니며 암컷을 찾는다. 암컷 한 마리에 수컷 여러 마리가 달려드는 경우가 많다. 알은 날개를 편 채 조팝나무 잎 윗면에 한 개씩 낳는다.

출현 시기 1월 | 2월 | 3월 | 4월 | **5월** | **6월** | **7월** | 8월 | 9월 | 10월 | 11월 | 12월

어리세줄나비

★★★★

Neptis raddei (Bremer, 1861)

연 1회 | 4령 애벌레 | 느릅나무

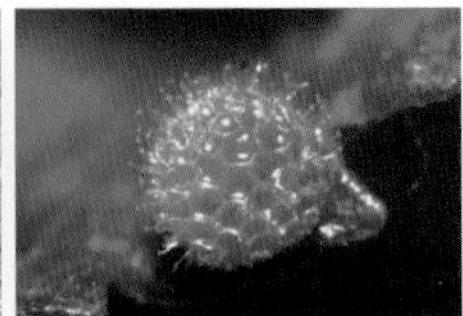

암컷(2022.06.25 강원 화천군 해산령)

수컷(2017.05.25 강원 평창군 오대산)

수컷(2018.05.28 중국 옌볜)

경남 가지산 이북 산지에 국지적으로 분포하며, 최근 개체 수가 상당히 줄었다. 주로 계곡 주변이나 우거진 산길에서 보인다. 오전에는 땅바닥에서 물을 빨아 먹고, 매미충 분비물에 잘 모인다. 매우 민감하여 사진 찍기 어렵다. 먹이식물 주위를 날아다니는 습성이 있다. 암컷은 오후에 키 큰 나무에 오간다. 알은 물가 주변이나 그늘지고 바람이 잘 통하는 느릅나무 잎 윗면에 한 개씩 낳는다.

출현 시기 | 1월 | 2월 | 3월 | 4월 | **5월** | **6월** | 7월 | 8월 | 9월 | 10월 | 11월 | 12월

왕줄나비 수컷 윗면

왕줄나비 수컷 아랫면

홍줄나비 수컷 윗면

홍줄나비 수컷 아랫면

어리세줄나비 수컷 윗면

어리세줄나비 수컷 아랫면

제일줄나비 수컷 윗면

제일줄나비 수컷 아랫면

제이줄나비 수컷 윗면

제이줄나비 수컷 아랫면

제삼줄나비 수컷 윗면

제삼줄나비 수컷 아랫면

줄나비 수컷 윗면

줄나비 수컷 아랫면

참줄나비 수컷 윗면

참줄나비 수컷 아랫면

참줄사촌나비 수컷 윗면

참줄사촌나비 수컷 아랫면

애기세줄나비 수컷 윗면

애기세줄나비 수컷 아랫면

별박이세줄나비 수컷 윗면

별박이세줄나비 수컷 아랫면

개마별박이세줄나비 수컷 윗면

개마별박이세줄나비 수컷 아랫면

높은산세줄나비 수컷 윗면

높은산세줄나비 수컷 아랫면

세줄나비 수컷 윗면

세줄나비 수컷 아랫면

참세줄나비 수컷 윗면

참세줄나비 수컷 아랫면

왕세줄나비 수컷 윗면

왕세줄나비 암컷 아랫면

굵은줄나비 수컷 윗면

굵은줄나비 수컷 아랫면

두줄나비 수컷 윗면

두줄나비 수컷 아랫면

북방황세줄나비 수컷 윗면

북방황세줄나비 수컷 아랫면

황세줄나비 수컷 윗면

황세줄나비 수컷 아랫면

산황세줄나비 수컷 윗면

산황세줄나비 수컷 아랫면

거꾸로여덟팔나비

★★

Araschnia burejana Bremer, 1861

연 2회

번데기

모시풀, 거북꼬리

봄형 암컷(2017.05.17 강원 홍천군 서석면 어론리)

봄형 수컷(2020.05.23 강원 인제군 서화면 서화리)

봄형 수컷 아랫면(2019.05.10 강원 홍천군 서석면 어론리)

여름형 암컷(2020.08.01 강원 평창군 진부면 신기리)

여름형 수컷(2010.07.09 강원 화천군 해산령)

여름형 암컷 아랫면(2020.08.13 강원 양구군 해안면 오유리)

한반도 내륙 전역에 분포한다. 주로 산과 가까운 풀밭, 계곡 주변의 산길에서 보인다. 여름형은 산꼭대기의 여러 종류 꽃에서 꿀을 빨아 먹는 모습이 자주 눈에 띈다. 흰색과 노란색 꽃을 좋아한다. 오전에는 수컷과 암컷 모두 꽃에서 꿀을 빨아 먹는다. 수컷은 오후에 풀숲 위를 낮게 날아다니며 암컷을 찾는다. 알은 그늘진 곳에 있는 먹이식물 잎 아랫면에 탑을 쌓듯 1~10개 낳는다.

출현 시기 | 1월 | 2월 | 3월 | 4월 | **5월** | **6월** | **7월** | **8월** | 9월 | 10월 | 11월 | 12월

북방거꾸로여덟팔나비

Araschnia levana (Linnaeus, 1758)

연 2회

번데기

가는잎쐐기풀, 쐐기풀

봄형 암컷(2017.04.26
강원 정선군 민둥산)

봄형 수컷(2018.05.15
강원 홍천군 구룡덕봉)

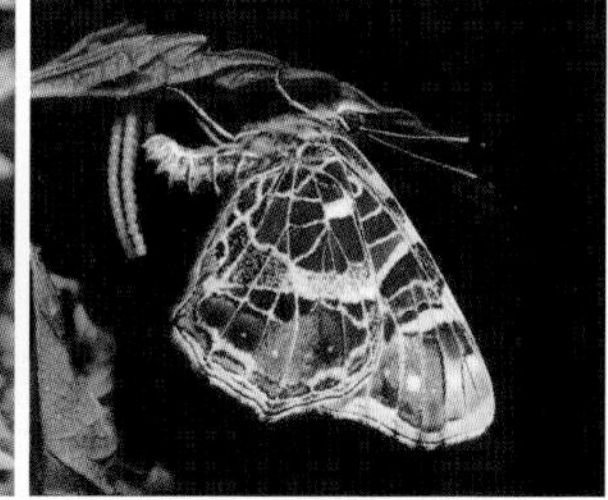

봄형 암컷 아랫면(2018.05.23
중국 옌벤)

여름형 암컷(2020.08.01
강원 평창군 진부면 신기리)

여름형 수컷(2019.07.22
중국 옌벤)

여름형 수컷 아랫면(2020.08.08
강원 홍천군 운두령)

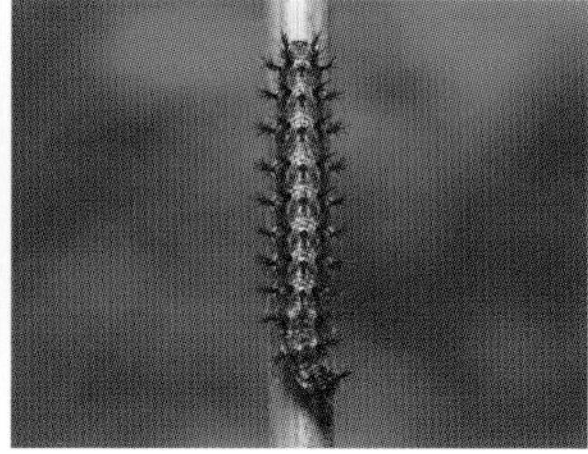

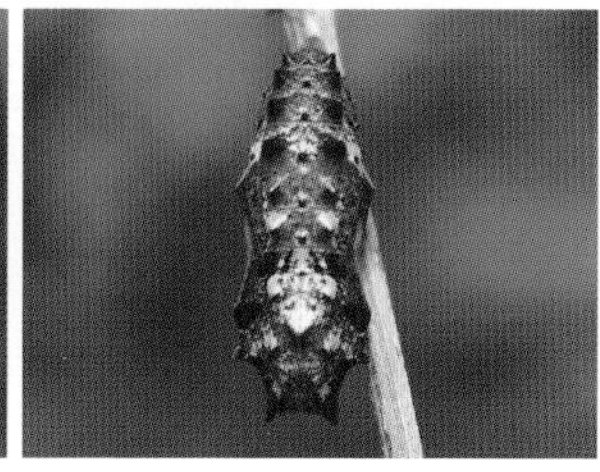

지리산과 강원도의 높은 산지에 분포하며, 최근 개체 수가 크게 줄었다. 주로 계곡 주변 산길이나 숲의 개활지에서 보인다. 이른 봄에는 민들레 꽃을, 여름에는 등골나물을 좋아한다. 알은 가는잎쐐기풀 잎 아랫면에 15층 안팎으로 탑을 쌓듯이 낳는다. 거꾸로여덟팔나비보다 알 탑을 높게 쌓는다. 3령 애벌레까지 모여 살며, 4령 애벌레부터 흩어져 활동한다.

출현 시기 | 1월 | 2월 | 3월 | 4월 | 5월 | 6월 | 7월 | 8월 | 9월 | 10월 | 11월 | 12월

산네발나비

★★★

Polygonia c-album (Linnaeus, 1758)

연 2회

어른벌레

느릅나무

암컷(2010.07.06 강원 평창군 오대산)

산란(2019.04.13 강원 양구군 방산면 천미리)

수컷(2009.07.08 강원 평창군 오대산)

수컷(2007.06.22 강원 춘천시 남면 가정리)

강원도 이북 산지에 분포한다. 주로 햇빛이 드는 계곡이나 산의 개활지 주변에서 보인다. 이른 봄에도 땅바닥에서 물을 빨아 먹는 월동형을 볼 수 있다. 느릅나무와 단풍나무류 수액에 잘 모여들며, 수컷은 오후 늦게 키 작은 나무 위에서 점유 행동을 한다. 월동형은 알을 먹이식물 가지 틈에, 여름형은 새순 아랫면에 한 개씩 낳는다.

출현 시기 | 1월 | 2월 | 3월 | 4월 | 5월 | 6월 | 7월 | 8월 | 9월 | 10월 | 11월 | 12월

네발나비

★

Polygonia c-aureum (Linnaeus, 1758)

연 2회 이상

어른벌레

환삼덩굴

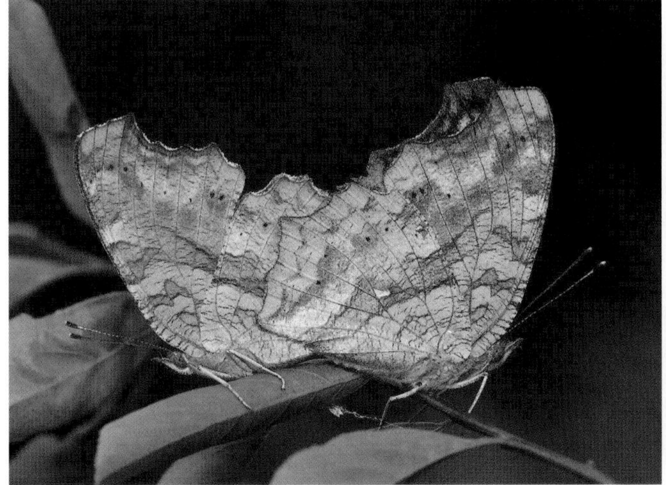

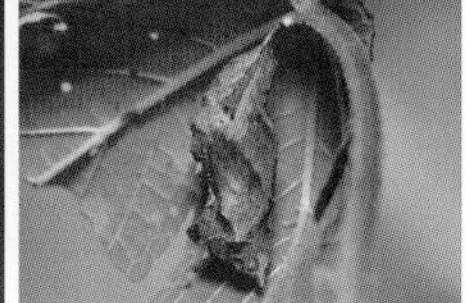

짝짓기 : 수컷(왼쪽), 암컷(오른쪽) (2021.07.05 대전 서구 도안동)

암컷(2010.06.13 강원 춘천시 남면 가정리)

수컷(2021.05.30 충북 제천시 수산면)

제주도와 울릉도를 포함한 전역에 분포한다. 하천, 산과 가까운 풀밭, 민가 주변에서 볼 수 있다. 오전에는 여러 종류 꽃에 날아들며, 땅바닥에서 물을 빨아 먹는다. 수컷은 한낮에 낮은 풀숲에서 햇볕을 쬐며 암컷을 기다리고, 암컷은 오후 2시 이후 활발하게 활동한다. 알은 환삼덩굴 새순이나 줄기 주변에 한 개씩 낳는다.

출현 시기	1월	2월	3월	4월	5월	6월	7월	8월	9월	10월	11월	12월

갈고리신선나비

★★★★☆

Nymphalis l-album (Esper, 1781)

연 1회

어른벌레

느릅나무

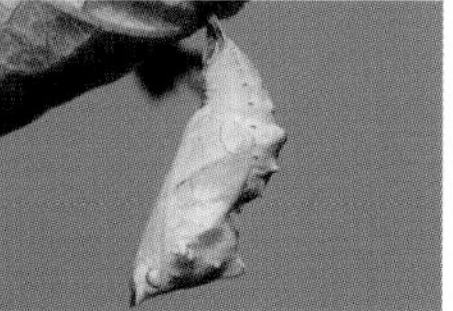

암컷(2011.08.18 중국 옌볜)

수컷(2011.07.10 중국 옌볜)

암컷(2019.07.19 중국 옌볜)

강원도와 경기도 북부 산지에 분포한다. 남한에서는 개체 수가 적은 편이다. 예전에는 경기 안산시 대부도와 남양주시 천마산, 서울 한강 변 등지에서도 관찰 기록이 있다. 신생 개체는 6월 하순부터 나타나는데, 한낮에는 시원한 절개면에서 쉬는 경우가 많다. 기온이 낮은 고지대에서는 낮에도 활동하는 모습이 보인다. 월동형은 이른 봄 단풍나무 수액에 잘 모여든다.

출현 시기 | 1월 | 2월 | 3월 | 4월 | 5월 | 6월 | 7월 | 8월 | 9월 | 10월 | 11월 | 12월

들신선나비

Nymphalis xanthomelas (Denis et Schiffermüller, 1775)

연 1회

어른벌레

버드나무류

암컷(2015.03.29 강원 화천군 해산령)

수컷(2010.06.24 강원 화천군 해산령)

수컷(2019.06.08 강원 철원군)

강원도와 경기도 북부의 산지에 분포하며, 최근 개체 수가 줄었다. 이른 봄에 버드나무류 꽃에 모여들고, 땅바닥에서 물을 빨아 먹는다. 6월 초순에 나타난다. 한낮에는 그늘진 계곡의 경사지나 바위에서 쉬며, 암컷은 오후 늦게 활동한다. 알을 무더기로 낳기 때문에, 발생 초기에 어른벌레 한 마리를 보면 근처에서 많은 개체를 만날 수 있다.

출현 시기 | 1월 | 2월 | 3월 | 4월 | 5월 | 6월 | 7월 | 8월 | 9월 | 10월 | 11월 | 12월

네발나비과 네발나비류 동정 키포인트

거꾸로여덟팔나비 봄형

거꾸로여덟팔나비 봄형

거꾸로여덟팔나비 여름형

거꾸로여덟팔나비 여름형

북방거꾸로여덟팔나비 봄형

북방거꾸로여덟팔나비 봄형

북방거꾸로여덟팔나비 여름형

북방거꾸로여덟팔나비 여름형

산네발나비 윗면

산네발나비 아랫면

네발나비 윗면

네발나비 아랫면

갈고리신선나비 윗면

갈고리신선나비 아랫면

들신선나비 윗면

들신선나비 아랫면

신선나비

Nymphalis antiopa (Linnaeus, 1758)

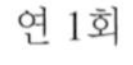

연 1회 어른벌레 버드나무류

암컷(2011.07.16 중국 옌볜)

암컷(2011.08.13 중국 옌볜)

수컷(2011.08.18 중국 옌볜)

강원도 설악산과 해산, 광덕산, 경기도 도봉산에서 관찰 기록이 있다. 7월 초순부터 나타나지만 관찰하기 매우 어렵다. 중국 옌볜에서는 7월 초순에 나타나는데 한여름에 활동성이 떨어지고, 8월 중순 이후 많은 개체를 만날 수 있다. 암컷은 꽃에 날아와 꿀을 빨아 먹기도 하며, 수액을 좋아한다.

출현 시기 | 1월 | 2월 | 3월 | 4월 | 5월 | 6월 | 7월 | 8월 | 9월 | 10월 | 11월 | 12월

청띠신선나비

★★

Kaniska canace (Linnaeus, 1763)

연 2회

어른벌레

밀나물, 청가시덩굴, 청미래덩굴

산란(2017.04.23 강원 양구군 방산면 천미리)

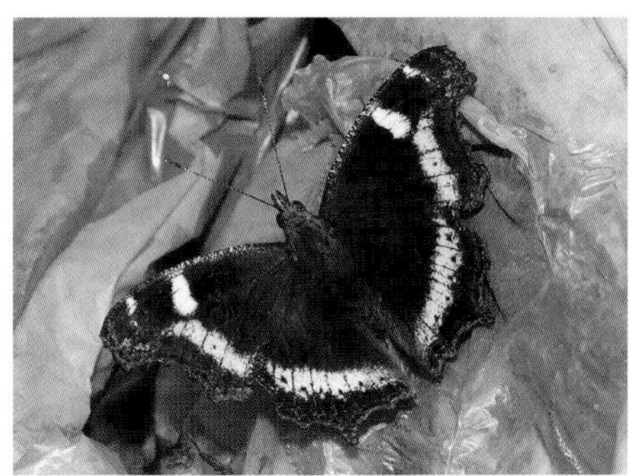

수컷(2010.08.07 강원 영월군 한반도면 쌍용리)

수컷(2018.06.19 강원 화천군 해산령)

제주도와 울릉도를 포함한 전국 각지에 분포한다. 오후 3~6시 이후에 산길이나 민가 주변 땅바닥에서 텃세권을 형성하는 경우가 많다. 짐승의 배설물이나 수액에 잘 날아오지만, 꽃은 좋아하지 않는다. 암컷은 4~5월에 낮은 풀숲을 활기차게 날아다니며 산란할 위치를 찾는다. 알은 주로 그늘지고 어두운 곳의 먹이식물 새순이나 가지 사이에 한 개씩 낳는다.

출현 시기	1월	2월	3월	4월	5월	6월	7월	8월	9월	10월	11월	12월

공작나비

★★★★

Aglais io (Linnaeus, 1758)

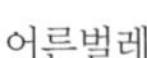

연 2회　어른벌레　쐐기풀, 가는잎쐐기풀

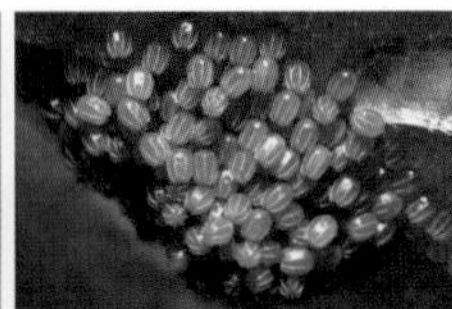

암컷(2009.06.19 강원 화천군 해산령)

수컷(2008.06.21 강원 화천군 해산령)

수컷(2011.07.06 강원 화천군 해산령)

강원도와 경기도 북부 높은 산지에 분포한다. 주로 6월 중하순에 나타나며, 오전에 여러 종류 꽃에 날아든다. 오후 2시쯤 산꼭대기 땅바닥에 앉아 텃세권을 형성하기도 한다. 애벌레는 관찰 기록이 별로 없다. 8월 말에 새로 나타난 개체를 본 적이 있어 2화가 발생하는 것으로 추측한다. 7~8월에 백두산 주변 낮은 산지에서 2화 애벌레를 여러 차례 관찰했다.

출현 시기 | 1월 | 2월 | 3월 | 4월 | 5월 | 6월 | 7월 | 8월 | 9월 | 10월 | 11월 | 12월

쐐기풀나비

★★★★★

Aglais urticae (Linnaeus, 1758)

연 1회

어른벌레

쐐기풀, 가는잎쐐기풀

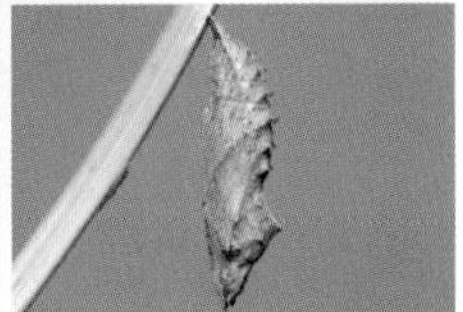

암컷(2018.06.05 중국 옌볜)

수컷(2007.06.20 강원 화천군 해산령)

©박종세

암컷 아랫면(2013.05.13 강원 영월군 한반도면 쌍용리)

강원도 설악산과 해산, 광덕산, 영월 등지에서 관찰했다. 영월에서 몇 해 동안 세 번 관찰했으나 정확한 서식지는 찾지 못했다. 백두산 주변 낮은 산지에서는 하천, 마을 주변이나 높은 산지의 개활지에서도 애벌레를 만났다. 땅바닥에서 물을 빨아 먹기도 하고 여러 종류 꽃에 날아드는는데, 꽃에 머무는 시간은 짧다. 알은 쐐기풀 새순에 무더기로 낳는다.

출현 시기 | 1월 | 2월 | 3월 | 4월 | 5월 | 6월 | 7월 | 8월 | 9월 | 10월 | 11월 | 12월

작은멋쟁이나비 ★★

Vanessa cardui (Linnaeus, 1758)

연 2회 이상

어른벌레

쑥, 떡쑥, 아욱

암컷(2019.10.09 강원 춘천시 사농동)

수컷(2019.10.06 강원 화천군 해산령)

수컷(2021.06.06 제주 서귀포시 군산오름)

제주도와 울릉도를 포함한 전역에 분포한다. 강변, 산과 가까운 풀밭, 민가 주변에서 만나기 쉽다. 여름에는 북상하고 가을에는 남하한다. 가을에 남해안과 섬 지역에서 많은 개체가 보인다. 여러 종류 꽃에 날아들며, 높은 산에서도 드물게 눈에 띈다. 알은 넓은 풀밭에 있는 쑥에 낳는다.

출현 시기 | 1월 | 2월 | 3월 | 4월 | 5월 | 6월 | 7월 | 8월 | 9월 | 10월 | 11월 | 12월

큰멋쟁이나비

★★

Vanessa indica (Herbst, 1794)

연 2회

어른벌레

모시풀, 가는잎쐐기풀, 느릅나무 등

산란(2021.06.20 강원 인제군 서화면 서화리)

산란(2021.06.20 강원 인제군 서화면 서화리)

수컷(2020.09.21 제주도 한라산)

제주도와 울릉도를 포함한 남한 전역에 분포한다. 꽃에 잘 날아들며, 산꼭대기에서 텃세권을 형성하기도 한다. 낮은 산지나 민가 주변에서 흔히 보이고, 높은 산지에서도 많은 개체를 만날 수 있다. 산 아래위를 오갈 정도로 활동 범위가 넓다. 알은 먹이식물 잎 아랫면에 한 개씩 낳으며, 애벌레는 집을 짓고 살기 때문에 찾기 쉽다.

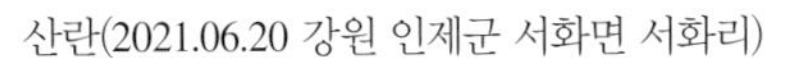

출현 시기 | 1월 | 2월 | 3월 | 4월 | 5월 | 6월 | 7월 | 8월 | 9월 | 10월 | 11월 | 12월

남방오색나비

미접

Hypolimnas bolina (Linnaeus, 1758)

연 2회 이상

소멸

고구마

수컷(2021.08.29 서울 노원구 불암산나비정원)

제주도와 경남 거제, 전남 신안 흑산도와 홍도, 인천 무의도에서 관찰 기록이 있다. 최근 기후변화로 관찰 사례가 점점 늘어난다. 그늘진 나무 위나 산꼭대기에서 점유 행동을 한다. 땅바닥에서 물을 빨아 먹으며, 수액이나 썩은 과일에 잘 모인다. 알은 고구마 잎에 한 개씩 낳는다.

출현 시기 | 1월 | 2월 | 3월 | 4월 | 5월 | 6월 | **7월** | **8월** | **9월** | 10월 | 11월 | 12월

암붉은오색나비

미접

Hypolimnas misippus (Linnaeus, 1764)

연 2회 이상

소멸

쇠비름

수컷(2020.09.28 충남 예산군 원효봉)

수컷(2020.09.28 충남 예산군 원효봉)

제주도, 전남 신안 흑산도와 홍도, 여수 거문도, 충남 예산 등지에서 관찰 기록이 있다. 최근 기후변화로 관찰 사례가 늘어난다. 산꼭대기로 날아가 강한 텃세권을 형성한다. 암컷은 주로 먹이식물인 쇠비름이 있는 바닷가 낮은 곳에서 보인다.

출현 시기 1월 | 2월 | 3월 | 4월 | 5월 | 6월 | 7월 | 8월 | 9월 | 10월 | 11월 | 12월

남방공작나비

미접

Junonia almana (Linnaeus, 1758)

연 2회 소멸 마편초과 식물, 쥐꼬리망초과 식물

수컷(2019.02.05 경기 가평군 이화원)

제주도, 전남 신안 홍도와 흑산도 등지에서 드물게 관찰 기록이 있다. 여름형과 가을형으로 계절적인 변이가 있다. 여러 종류 꽃에 날아온다. 땅바닥에 앉아 햇볕을 쬐는 개체를 관찰한 적이 있다.

출현 시기 1월 | 2월 | 3월 | 4월 | 5월 | 6월 | 7월 | 8월 | 9월 | 10월 | 11월 | 12월

유리창나비

Dilipa fenestra (Leech, 1891)

연 1회

번데기

풍게나무, 팽나무

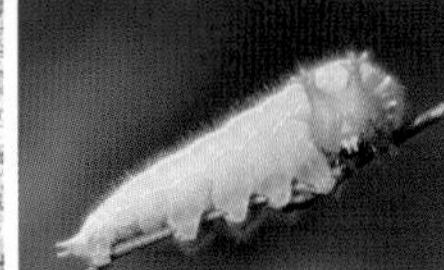

암컷(2020.04.11 강원 춘천시 남면 가정리)

수컷(2017.04.22 경기 가평군 화야산)

수컷(2020.04.25 충북 단양군 영춘면 유암리)

제주도와 울릉도를 제외한 남한 전역에 분포한다. 계곡 주변, 산 초입, 마을 주변에서 보인다. 오전에는 땅바닥에서 자주 물을 빨아 먹는다. 수컷은 해 질 녘에 높은 가지에 앉아 햇볕을 쬐거나 텃세권을 형성하고, 암컷은 주로 오후에 활동한다. 알은 그늘지고 바람이 잘 통하는 곳에 있는 먹이식물 잎에 한 개씩 낳는다.

출현 시기 1월 | 2월 | 3월 | 4월 | 5월 | 6월 | 7월 | 8월 | 9월 | 10월 | 11월 | 12월

오색나비

★★★★

Apatura ilia (Denis et Schiffermüller, 1775)

연 1회

3령 애벌레

버드나무류

암컷(2022.06.25 강원 화천군 해산령)

수컷(2019.07.06 강원 평창군 오대산)

수컷(2010.07.04 강원 화천군 해산령)

강원도 태백산 이북 지역에 분포한다. 황오색나비보다 고도가 높거나 추운 지역에서 보인다. 황오색나비와 매우 비슷하며, 6월 말쯤 나타난다. 오전에 땅바닥에서 물을 빨아 먹는 모습이 눈에 띈다. 암컷은 오후에 활동성이 강하지만 관찰하기 매우 어렵다. 주로 물가 주변 버드나무류에서 보인다.

출현 시기 | 1월 | 2월 | 3월 | 4월 | 5월 | 6월 | 7월 | 8월 | 9월 | 10월 | 11월 | 12월

황오색나비 ★★

Apatura metis Freyer, 1829

연 2회

3령 애벌레

버드나무, 갯버들, 사시나무

암컷(2021.06.16 충북 제천시 수산면)

짝짓기 : 암컷(위), 수컷(아래) (2020.06.28 서울 탄천) 수컷(2019.07.22 중국 옌벤)

남한 전역에 분포한다. 주로 높은 산에서 보이는 오색나비와 달리, 황오색나비는 낮은 곳부터 높은 산지까지 폭넓게 보인다. 6월 중순부터 나타난다. 아침에 땅바닥이나 낮은 풀숲에서 물을 빨아 먹으며, 수액이나 짐승의 배설물에도 잘 모인다. 수컷은 오후가 되면 버드나무 주변을 활발히 날아다니며 암컷을 찾는다. 암컷은 바람 불 때 알을 낳는 습성이 강하다.

출현 시기 | 1월 | 2월 | 3월 | 4월 | 5월 | **6월** | **7월** | **8월** | **9월** | **10월** | 11월 | 12월

번개오색나비

★★★

Apatura iris (Linnaeus, 1758)

연 1회

3령 애벌레

호랑버들, 떡버들

암컷(2008.07.10 강원 인제군 서화면 서화리)

암컷(2020.08.01 강원 평창군 진부면 신기리)

수컷(2003.07.15 강원 평창군 오대산)

지리산 이북의 높은 산지에서 주로 보인다. 최근 개체 수가 급격히 줄었다. 오색나비와 황오색나비 애벌레는 주로 분버들이나 갯버들에서 볼 수 있는데, 번개오색나비 애벌레는 주로 잎이 넓은 떡버들이나 호랑버들에서 보인다. 6월 하순부터 나타난다. 오전에는 땅바닥이나 낮은 풀숲에 내려오고, 오후에는 산꼭대기 높은 나뭇가지에서 점유 행동을 한다. 알은 그늘진 곳에 있는 먹이식물 잎 윗면에 한 개씩 낳는다.

출현 시기 | 1월 | 2월 | 3월 | 4월 | 5월 | 6월 | **7월** | 8월 | 9월 | 10월 | 11월 | 12월

왕오색나비

★★★

Sasakia charonda (Hewitson, 1863)

연 1회

4령 애벌레

풍게나무, 팽나무

암컷(2021.07.17 강원 춘천시 남면 가정리)

수컷(2012.06.18 강원 춘천시 남면 가정리)

수컷(2021.07.03 강원 춘천시 남면 가정리)

제주도를 포함한 남한 전역에 분포한다. 먹이식물인 풍게나무나 팽나무가 서식하는 낮은 산에서 보인다. 어른벌레는 6월 중순쯤부터 나타난다. 오전에는 땅바닥에서 물을 빨아 먹으며, 짐승의 배설물과 수액에도 잘 모인다. 수컷은 오후에 풍게나무 주변을 날아다니다가 막 날개돋이 한 암컷과 짝짓기를 한다. 알은 먹이식물 새순 아랫면에 여러 개를 한꺼번에 낳는다.

출현 시기 | 1월 | 2월 | 3월 | 4월 | 5월 | **6월** | **7월** | **8월** | 9월 | 10월 | 11월 | 12월

밤오색나비

Mimathyma nycteis (Ménétriès, 1859)

연 1회

4령 애벌레

느릅나무, 왕느릅나무

산란(2012.06.28 강원 영월군 한반도면 쌍용리)

수컷(2021.06.16 충북 제천시 수산면)

수컷(2021.06.16 충북 제천시 수산면)

강원 영월 · 정선 · 태백 등지에 국지적으로 분포한다. 예전에 화천의 낮은 강변에서도 한 마리를 관찰한 적이 있다. 주로 6월 중순에 나타나며, 오전에는 땅바닥에 앉거나 짐승의 배설물에 모인다. 한낮에는 산꼭대기에서 강하게 점유 행동을 한다. 암컷은 주로 그늘에서 쉬는데, 오후에 느릅나무 주변을 날아다니다가 마른 잎에 앉아서 배를 구부리고 알을 한 개씩 낳는다.

출현 시기 1월 | 2월 | 3월 | 4월 | 5월 | 6월 | 7월 | 8월 | 9월 | 10월 | 11월 | 12월

은판나비

★★★

Mimathyma schrenckii (Ménétriès, 1859)

연 1회

4령 애벌레

느릅나무, 왕느릅나무, 난티나무

짝짓기 : 암컷(왼쪽), 수컷(오른쪽) (2011.07.02 강원 춘천시 남면 가정리)

암컷(2012.07.16 중국 옌벤)

수컷(2019.06.15 강원 춘천시 남면 가정리)

전남 광양 이북 지역에 분포한다. 낮은 산지나 경기도 일대 산지에서는 개체 수가 급격히 줄었다. 계곡이 있는 산길이나 숲속 개활지, 마을 주변에서 흔히 보인다. 오전에는 땅바닥에 앉거나 짐승의 배설물에 잘 모인다. 수컷은 한낮에 먹이식물 주변을 날아다니다가 막 날개돋이 한 암컷과 짝짓기를 한다. 알은 느릅나무 잎 아랫면이나 줄기에 한 개씩 낳는다.

출현 시기 1월 | 2월 | 3월 | 4월 | 5월 | **6월** | **7월** | **8월** | 9월 | 10월 | 11월 | 12월

흑백알락나비

★★★

Hestina persimilis (Westwood, 1850)

연 2회

4령 애벌레

풍게나무, 팽나무

여름형 수컷(2010.07.29 강원 춘천시 남면 가정리)

봄형 수컷(2017.05.16 강원 춘천시 남면 가정리)

수컷(2009.05.13 강원 춘천시 남면 가정리)

제주도와 울릉도를 제외한 남한 전역에 분포한다. 풍게나무와 팽나무가 많은 낮은 산에서 흔히 보인다. 오전에는 땅바닥이나 짐승의 배설물에 잘 모인다. 수컷은 오후에 키 큰 나무 위를 활기차게 날아다니다가 막 날개돋이 한 암컷과 짝짓기를 한다. 알은 키 큰 나무의 양지바른 곳에 난 새순 아랫면이나 윗면에 한 개씩 낳거나, 여러 개를 낳기도 한다.

출현 시기 1월 | 2월 | 3월 | 4월 | **5월 | 6월 | 7월 | 8월** | 9월 | 10월 | 11월 | 12월

홍점알락나비

Hestina assimilis (Linnaeus, 1758)

연 2회

4령 애벌레

풍게나무, 팽나무

암컷 날개돋이(2021.05.29 강원 춘천시 남면 가정리 사육산)

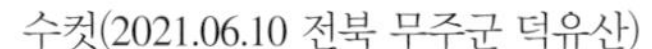

수컷(2021.06.10 전북 무주군 덕유산)

수컷(2021.06.10 전북 무주군 덕유산)

제주도를 포함한 남한 전역에 분포한다. 제주도에서는 연 3회 나타나며, 6월 중순부터 9월까지 보인다. 오전에 땅바닥이나 풀숲에서 물을 빨아 먹다가 오후에는 산꼭대기에서 활발하게 점유 행동을 한다. 수컷은 풍게나무 숲 주변을 힘차게 날아다니며 암컷을 찾는다. 암컷은 오후 늦게 활동하며, 키가 작은 나무에 알을 낳는 습성이 강하다.

출현 시기 | 1월 | 2월 | 3월 | 4월 | 5월 | **6월** | **7월** | **8월** | **9월** | 10월 | 11월 | 12월

수노랑나비

★★★

Chitoria ulupi (Doherty, 1889)

연 1회

3령 애벌레

풍게나무, 팽나무

암컷(2020.07.01 전북 무주군 덕유산)

암컷(2020.07.01 전북 무주군 덕유산)

수컷(2021.07.03 전북 무주군 덕유산)

수컷(2021.06.19 강원 홍천군 서석면 어론리)

풍게나무와 참나무가 어우러진 낮은 산지에 국지적으로 분포한다. 참나무 숲 주변 계곡이나 산길에서 자주 보인다. 6월 중순 이후 나타난다. 땅바닥에 거의 앉지 않고, 오전에는 주로 키 작은 나무 위에서 햇볕을 쬔다. 참나무 수액에 잘 모여든다. 한낮에는 키 작은 나무 위에서 텃세권을 형성한다. 알은 그늘지고 바람이 잘 통하는 곳에 있는 먹이식물 잎에 100여 개를 한꺼번에 낳으며, 육각형으로 3~4층을 쌓는다.

출현 시기 | 1월 | 2월 | 3월 | 4월 | 5월 | 6월 | 7월 | 8월 | 9월 | 10월 | 11월 | 12월

대왕나비

Sephisa princeps (Fixsen, 1887)

연 1회

3령 애벌레

신갈나무, 떡갈나무

암컷(2022.07.07 강원 춘천시 남면 가정리)

암컷(2011.06.19 경기 가평군 화야산 사육산)

수컷(2010.07.14 경기 가평군 화야산)

수컷(2010.07.14 경기 가평군 화야산)

제주도와 울릉도를 제외한 남한 전역에 분포한다. 예전에는 흔했으나 최근 개체 수가 크게 줄었다. 6월 말~7월 초순에 나타난다. 땅바닥에서 물을 빨아 먹거나 수액에 모인다. 수컷은 한낮에 키 큰 나무 둘레를 돌며 암컷을 찾아다닌다. 알은 계곡 주변이나 바람이 잘 통하고 어두운 곳에 있는 먹이식물의 돌돌 말린 나뭇잎 속에 20여 개 낳는다.

출현 시기 | 1월 | 2월 | 3월 | 4월 | 5월 | 6월 | **7월** | **8월** | 9월 | 10월 | 11월 | 12월

돌담무늬나비

미접

Cyrestis thyodamas Deyère, 1840

연 2회

소멸

고무나무, 천선과나무

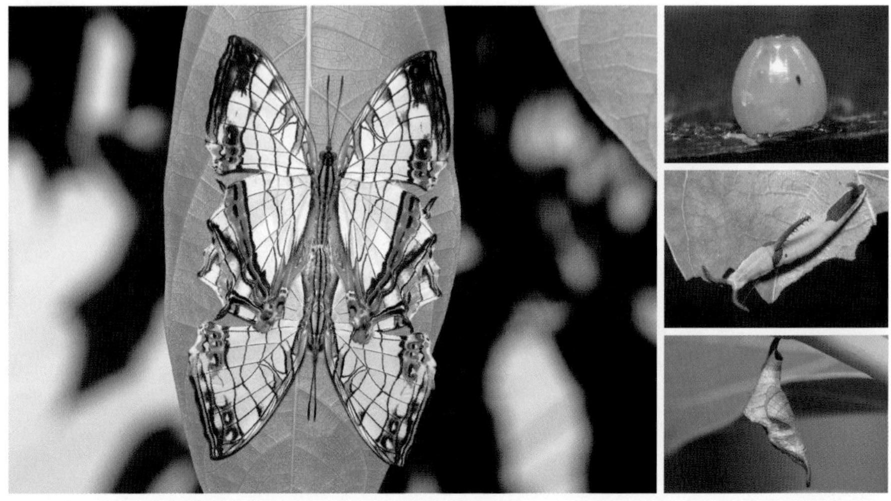

짝짓기 : 수컷(위), 암컷(아래) (2017.03.17 경기 가평군 이화원)

암컷(2017.03.17 경기 가평군 이화원)

수컷(2018.09.15 경기 가평군 이화원)

제주도 비자림과 전남 여수에서 채집한 기록이 있다. 축축한 물가로 내려와 날개를 펴고 물을 빨아 먹는다. 여러 종류 꽃에 날아들며, 나뭇잎 아랫면에 날개를 펴고 앉아 쉬는 모습이 자주 보인다. 알은 먹이식물 새순 주변에 한 개씩 낳는다.

출현 시기 1월 | 2월 | 3월 | 4월 | 5월 | 6월 | 7월 | 8월 | 9월 | 10월 | 11월 | 12월

먹그림나비

★★★

Dichorragia nesimachus (Doyère, 1840)

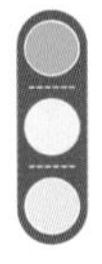

연 2회

번데기

나도밤나무, 합다리나무

암컷(2021.07.29 전북 고창군 선운사)

수컷(2021.07.29 전북 고창군 선운사)

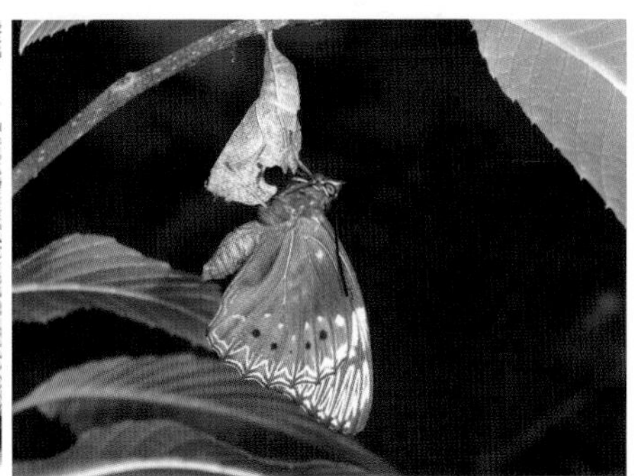

수컷 날개돋이(2008.04.23 경남 거제시 사육산)

전북과 경북 이남의 낮은 산지에 분포한다. 제주도와 서해안 일부 섬에서도 보이며, 최근 서식지가 늘어나고 있다. 5월 중순부터 나타난다. 오전에는 땅바닥에서 물을 빨아 먹고, 오후에는 산 정상에서 텃세권을 형성한다. 어두운 곳을 좋아해 한낮에는 어두운 숲길에서 볼 수 있다. 수액과 짐승의 배설물에 잘 모인다. 암컷은 주로 먹이식물 잎 아랫면에서 쉬며, 알은 잎 윗면에 한 개씩 낳는다.

출현 시기 | 1월 | 2월 | 3월 | 4월 | **5월** | **6월** | **7월** | **8월** | 9월 | 10월 | 11월 | 12월

작은멋쟁이나비 윗면

작은멋쟁이나비 아랫면

큰멋쟁이나비 윗면

큰멋쟁이나비 아랫면

오색나비 윗면

오색나비 아랫면

왕오색나비 윗면

왕오색나비 아랫면

번개오색나비 윗면

번개오색나비 아랫면

황오색나비 윗면

황오색나비 아랫면

애물결나비

★

Ypthima argus Butler, 1866

연 2회 종령 애벌레 주름조개풀, 강아지풀, 바랭이 등

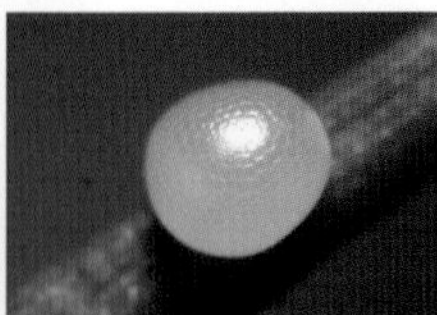

짝짓기 : 수컷(왼쪽), 암컷(오른쪽) (2020.08.15 인천 강화도)

©공은택

암컷(2012.05.30 강원 양구군 방산면 천미리)

수컷(2020.05.10 강원 춘천시 서면 덕두원리)

제주도를 포함한 남한 전역에 분포한다. 산과 가까운 풀밭, 숲속의 개활지 주변에서 많이 보인다. 반쯤 그늘진 곳을 좋아하며, 오전보다 오후에 활동성이 강하다. 낮은 풀숲 위를 낮게 날아다니며, 여러 종류 꽃에 온다. 알을 받아 1화를 키우면 대개 애벌레가 날개돋이까지 하지만, 성장이 느린 몇몇은 애벌레 상태로 겨울을 난다.

출현 시기 1월 | 2월 | 3월 | 4월 | **5월 | 6월 | 7월 | 8월** | 9월 | 10월 | 11월 | 12월

가락지나비

Aphantopus hyperantus (Linnaeus, 1758)

연 1회

2령 애벌레

김의털, 가는잎그늘사초, 한라사초 등

수컷(2021.07.21 제주도 한라산)

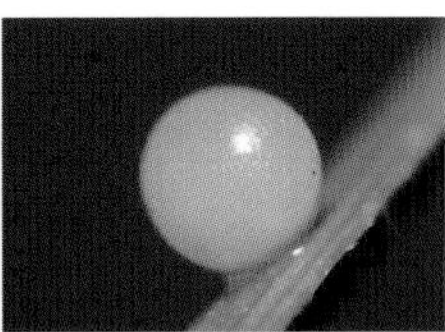

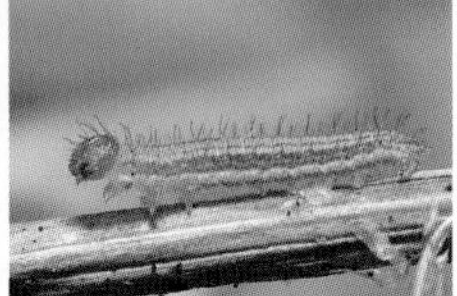

짝짓기 : 암컷(위), 수컷(아래) (2012.07.25 중국 옌볜)

수컷(2021.07.21 제주도 한라산)

한라산 1400m 이상 고산지대에서 보인다. 개체 수가 많은 편이고, 풀숲 위를 빠르게 날아다닌다. 여러 종류 꽃에 날아오며, 가끔 땅이나 조릿대 잎에서 볕을 쬐기도 한다. 오후에 활동성이 강하다. 알은 먹이식물 주변에 낳아 떨어뜨린다. 김의털과 가는잎그늘사초에서 두 차례 사육했는데, 성장 속도가 느리고 모두 폐사했다. 먹이식물 연구가 더 필요하다.

출현 시기 | 1월 | 2월 | 3월 | 4월 | 5월 | 6월 | **7월** | 8월 | 9월 | 10월 | 11월 | 12월

물결나비

★★

Ypthima multistriata Butler, 1883

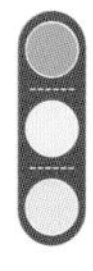

연 2회 | 3령 애벌레 | 강아지풀, 주름조개풀, 바랭이

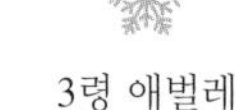

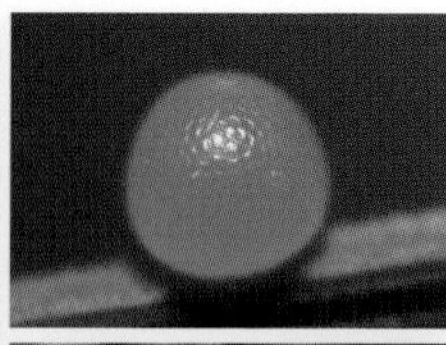

짝짓기 : 암컷(왼쪽), 수컷(오른쪽) (2010.07.20 강원 화천군 해산령)

암컷(2021.07.18 전북 남원시 실상사)

수컷(2022.06.12 제주 서귀포시 군산오름)

제주도를 포함한 남한 전역에 분포한다. 석물결나비와 동정 오류가 많이 발생한다. 제주도는 석물결나비가 곶자왈처럼 낮은 지역에 많고, 물결나비는 주로 지대가 조금 높은 오름 주변에서 보인다. 나무 그늘이 있는 풀숲을 좋아하며, 오후에 활동성이 강하다. 여러 종류 꽃에 날아오고, 볕이 강할 때는 그늘에서 쉰다.

출현 시기 | 1월 | 2월 | 3월 | 4월 | 5월 | **6월** | **7월** | **8월** | 9월 | 10월 | 11월 | 12월

석물결나비

Ypthima motschulskyi (Bremer et Grey, 1853)

연 2회 | 3령 애벌레 | 강아지풀, 주름조개풀, 기름새 등

짝짓기 : 수컷(왼쪽), 암컷(오른쪽) (2011.07.04 강원 양구군 해안면)

암컷(2020.05.19 충북 제천시 수산면)

수컷(2021.07.23 제주 서귀포시)

제주도를 포함한 한반도 각지에 분포하며, 중국 옌볜에는 낮은 지역에 많다. 산과 가까운 풀밭, 숲속의 개활지, 민가 주변에서 흔히 보이고, 여러 종류 꽃에 날아든다. 물결나비와 서식지가 겹치기도 하지만, 대체로 물결나비보다 낮은 지역에서 보인다. 오후에 활동성이 강하고, 낮은 풀숲 위를 날아다니거나 앉아 쉬는 모습이 자주 눈에 띈다.

출현 시기 | 1월 | 2월 | 3월 | 4월 | 5월 | 6월 | 7월 | 8월 | 9월 | 10월 | 11월 | 12월

부처나비

★★

Mycalesis gotama Moore, 1857

연 2회

5령 애벌레

강아지풀, 주름조개풀, 달뿌리풀

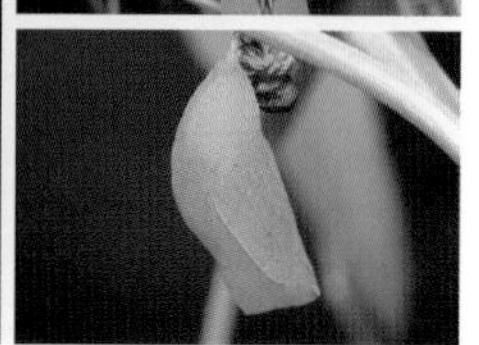

짝짓기 : 암컷(왼쪽), 수컷(오른쪽) (2010.08.14 강원 화천군 해산령)

암컷(2016.08.11 강원 양구군 해안면)

수컷(2021.08.14 강원 양구군 해안면)

제주도와 울릉도를 제외한 남한 전역에 분포한다. 최근 개체 수가 줄었다. 산 초입이나 마을 주변에서 흔히 보이고, 높은 산지의 개활지에서도 볼 수 있다. 여러 종류 꽃에 날아들며 수액에 잘 모인다. 낮은 풀숲에서 쉬거나 볕을 쬐는 모습이 자주 눈에 띈다. 오후에 활동성이 강하다. 알은 먹이식물 잎 아랫면에 1~2개 낳는다.

출현 시기 | 1월 | 2월 | 3월 | 4월 | **5월** | **6월** | **7월** | **8월** | **9월** | 10월 | 11월 | 12월

부처사촌나비

★

Mycalesis francisca (Stoll, 1780)

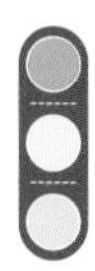

 연 2회

 5령 애벌레

 주름조개풀, 강아지풀

여름형 짝짓기 : 암컷(왼쪽), 수컷(오른쪽) (2010.08.06 강원 인제군 서화면 서화리)

암컷(2021.05.30 충북 제천시 수산면)

수컷(2019.05.18 강원 인제군 서화면 서화리)

제주도를 포함한 남한 전역에 분포한다. 부처나비보다 어두운 숲속을 좋아하고, 민가나 사찰 주변에서 보인다. 한낮에는 쉬다가 오후에 활동성이 강하다. 여러 종류 꽃에 날아들며, 땅바닥에서 물을 빨아 먹거나 짐승의 배설물에도 잘 모인다. 낮은 풀숲에서 쉬거나 볕을 쬐는 모습이 흔히 눈에 띈다. 알은 먹이식물 아랫면에 한 개씩 낳는다.

출현 시기 1월 | 2월 | 3월 | 4월 | **5월 | 6월 | 7월 | 8월 | 9월** | 10월 | 11월 | 12월

함경산뱀눈나비

★★★★

Oeneis urda (Eversmann, 1847)

 연 1회

 5령 애벌레

 김의털, 가는잎그늘사초

암컷(2018.05.07 강원 양양군 서면 서림리)

암컷(2018.05.07 강원 양양군 서면 서림리)

수컷(2015.05.04 강원 양양군 서면 서림리)

제주도 한라산 주변, 강원도 양양과 오대산 등지에 국지적으로 분포한다. 보통 참산뱀눈나비와 같은 종으로 취급하나, 어른벌레와 애벌레 모양이 달라 이 도감에서는 다른 종으로 분류했다. 중국 옌볜에서 보기 쉬우며, 참산뱀눈나비보다 산지성이 강하다. 오전에 땅바닥이나 키 작은 나무에 앉아 햇볕을 쬐고, 오후에는 사람 키 높이 나무에 앉아 텃세권을 강하게 형성한다.

출현 시기 | 1월 | 2월 | 3월 | 4월 | **5월** | 6월 | 7월 | 8월 | 9월 | 10월 | 11월 | 12월

참산뱀눈나비

★★

Oeneis mongolica (Oberthür, 1876)

연 1회

5령 애벌레

김의털, 가는잎그늘사초

짝짓기 : 수컷(왼쪽), 암컷(오른쪽) (2020.04.25 강원 영월군 한반도면 쌍용리)

암컷(2020.04.24 충북 단양군 영춘면 유암리)

수컷(2020.04.25 충북 단양군 영춘면 유암리)

남한 전역의 탁 트인 풀밭에 국지적으로 분포한다. 주로 김의털 군락 있는 지역, 강원 영월 석회암 지대에서 볼 수 있다. 최근 개체 수가 줄었다. 가끔 벌채한 산에서 개체 수가 늘어나는 경향이 있다. 숲이 너무 우거지거나 건조하면 개체 수가 주는 것으로 추정한다. 오전에는 낮은 풀숲에 앉아 볕을 쬐고, 오후에는 약하게 텃세권을 형성하기도 한다.

출현 시기 | 1월 | 2월 | 3월 | **4월** | **5월** | 6월 | 7월 | 8월 | 9월 | 10월 | 11월 | 12월

시골처녀나비

★★★★

Coenonympha amaryllis (Stoll, 1782)

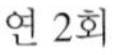

연 2회　　3령 애벌레　　김의털, 강아지풀

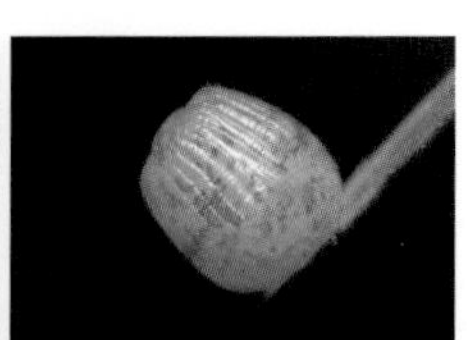

암컷(2012.05.24 경북 의성군)

수컷(2017.05.06 경북 의성군)

수컷(2009.09.08 경북 상주시 중동면 회상리)

경북 의성과 전북 진안 이남 지역에 주로 분포하며, 충남 서산에서도 관찰 기록이 있다. 제주도와 울릉도는 관찰 기록이 없으나, 중국 옌벤 주변에서 볼 수 있다. 바위가 많은 산에서 주로 보이며 산꼭대기에도 날아온다. 여러 종류 꽃에 날아들고, 풀밭에서 쉬거나 볕을 쬐기도 한다. 알은 먹이식물 잎과 줄기에 한 개씩 낳는다.

출현 시기　1월 | 2월 | 3월 | 4월 | **5월 | 6월 | 7월 | 8월 | 9월** | 10월 | 11월 | 12월

봄처녀나비

Coenonympha oedippus (Fabricius, 1787)

연 1회

3령 애벌레

가는잎그늘사초

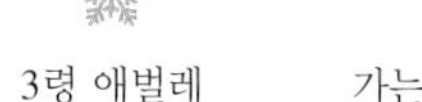

짝짓기 : 암컷(위), 수컷(아래) (2011.07.04 강원 양구군 해안면)

암컷(2020.06.06 충북 제천시 수산면)

수컷(2021.05.30 충북 제천시 수산면)

전북 정읍 이북 지역에 국지적으로 분포한다. 충북 제천과 인천 영종도에서 관찰 기록이 있다. 최근 개체 수가 크게 줄었다. 낮은 산지의 양지바른 곳에서 보이며, 영종도 산과 가까운 경작지 주변에서 만날 수 있다. 여러 종류 꽃에서 꿀을 빨아 먹는다. 짝짓기는 주로 오후 3~6시에 하고, 알은 먹이식물 잎과 줄기에 한 개씩 낳는다.

출현 시기 1월 | 2월 | 3월 | 4월 | 5월 | 6월 | 7월 | 8월 | 9월 | 10월 | 11월 | 12월

도시처녀나비

★★

Coenonympha hero (Linnaeus, 1761)

연 1회

3령 애벌레

김의털

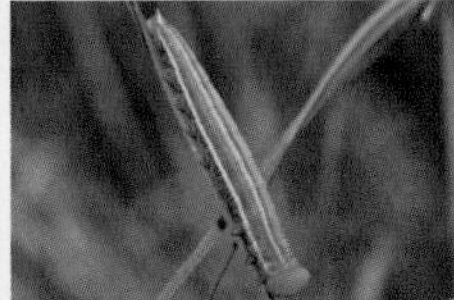

짝짓기 : 수컷(위), 암컷(아래) (2012.05.20 강원 철원군)

암컷(2020.05.21 강원 철원군)

수컷(2020.05.12 강원 철원군)

제주도를 포함한 남한 전역에 분포한다. 산과 가까운 풀밭, 양지바른 개활지, 무덤가에서 보인다. 5월 중순부터 나타나 여러 종류 꽃에 날아든다. 오전에 땅바닥에서 물을 빨아 먹거나 햇볕을 쬐고, 오후에는 풀숲 주변을 활발하게 날아다니며 암컷을 찾는다. 짝짓기는 주로 오후 늦게 하며, 알은 먹이식물 잎줄기에 한 개씩 낳는다.

출현 시기 | 1월 | 2월 | 3월 | 4월 | **5월** | **6월** | 7월 | 8월 | 9월 | 10월 | 11월 | 12월

먹나비

미접

Melanitis leda (Linnaeus, 1758)

연 2회

소멸

강아지풀

암컷(2017.10.05 충북 청주시)

제주도와 울릉도를 포함한 남부 지방에서 주로 보인다. 강원도 대관령에서 깨끗한 개체를 만난 적이 있으며, 서울 관악구에 위치한 서울대학교 교내에서 학생이 애벌레를 관찰한 기록이 있다. 풀숲에 활발히 날아다니고 어두운 곳을 좋아한다. 알은 강아지풀 줄기에 여러 개를 줄지어 낳는다.

출현 시기 1월 | 2월 | 3월 | 4월 | 5월 | 6월 | **7월** | **8월** | **9월** | 10월 | 11월 | 12월

외눈이지옥나비

Erebia cyclopius (Eversmann, 1844)

연 1회

5령 애벌레

김의털

암컷(2017.05.19 강원 양양군 서면 서림리)

암컷(2017.05.19 강원 양양군 서면 서림리)

수컷(2017.05.13 강원 인제군 서화면 서화리)

경북 봉화 이북 지역에 분포하며, 산지성이 강하다. 강원도 영월은 낮은 지역에서도 볼 수 있다. 강원도 높은 산지일수록 개체 수가 많고, 외눈이지옥사촌나비와 함께 있는 경우가 잦았다. 오전에는 땅바닥에서 물을 빨아 먹거나 여러 종류 꽃에 날아든다. 오후에 활동성이 강하다. 수컷은 높은 나뭇가지 끝 잎에 앉아 쉬기도 하나, 오래 머물지 않는다.

출현 시기 | 1월 | 2월 | 3월 | 4월 | 5월 | 6월 | 7월 | 8월 | 9월 | 10월 | 11월 | 12월

외눈이지옥사촌나비

Erebia wanga Bremer, 1864

연 1회

5령 애벌레

김의털

수컷(2017.05.17 강원 홍천군 서석면 어론리)

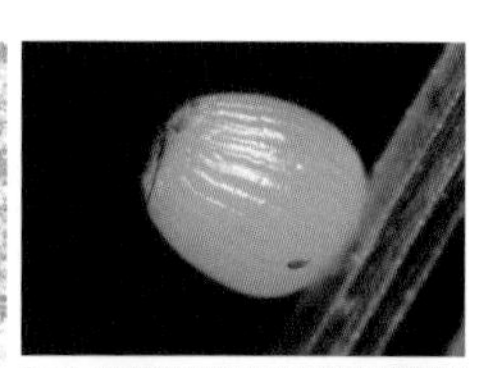

수컷(2017.05.17 강원 홍천군 서석면 어론리)

수컷(2017.05.07 강원 홍천군 서석면 어론리)

지리산 이북 산지에 분포하며, 외눈이지옥나비보다 분포 지역이 넓다. 주로 산의 암벽 김의털이 많은 양지바른 곳과 숲이 우거진 길가 주변에서 볼 수 있다. 오전에 땅바닥에 내려오고 여러 종류 꽃에 날아든다. 특히 고추나무 꽃을 좋아한다. 오후에 활동성이 강하다. 사육할 때 알은 김의털 줄기에 한 개씩 낳는다. 야외에서는 애벌레를 본 적이 없다.

출현 시기 | 1월 | 2월 | 3월 | 4월 | **5월** | 6월 | 7월 | 8월 | 9월 | 10월 | 11월 | 12월

산굴뚝나비

Hipparchia autonoe (Esper, 1784)

★★★★

천연기념물, 환경부 지정
멸종 위기 야생 생물 Ⅰ급

연 1회

3령 애벌레

김의털, 가는잎그늘사초

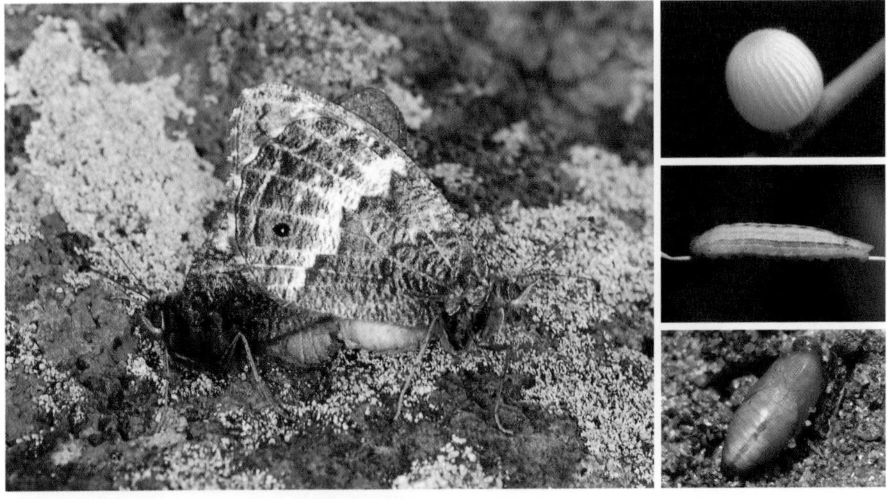

짝짓기 : 수컷(왼쪽), 암컷(오른쪽) (2008.07.21 제주도 한라산)

암컷(2021.07.21 제주도 한라산)

수컷(2008.07.21 제주도 한라산)

제주도 한라산에만 분포한다. 백록담 주변 1500m 이상 고산지대에서 보인다. 최근 한라산에 조릿대가 번성하고 기후변화 영향으로 서식지 고도가 점점 높아진다. 오전에는 땅바닥이나 바위에 앉아 볕을 쬐고, 오후에 활동성이 강하다. 알은 먹이식물 잎줄기에 한 개씩 낳는다.

출현 시기 | 1월 | 2월 | 3월 | 4월 | 5월 | 6월 | **7월** | 8월 | 9월 | 10월 | 11월 | 12월

굴뚝나비

★

Minois dryas (Scopoli, 1763)

연 1회

1령 애벌레

김의털, 강아지풀, 잔디 등

짝짓기 : 암컷(왼쪽), 수컷(오른쪽) (2020.08.13 강원 양구군 해안면)

수컷(2019.06.26 경기 가평군)

수컷(2020.08.01 강원 평창군 진부면 신기리)

제주도와 울릉도를 포함한 남한 전역에 분포한다. 주로 산과 가까운 풀밭에서 6월 말부터 8월 말까지 보인다. 여러 종류 꽃에 날아든다. 수컷은 발생 초기에 어둡고 작은 나무에서 텃세권을 형성하지만, 한 장소를 고집하진 않는다. 암컷을 달고 날아다니는 개체가 자주 눈에 띈다. 암컷은 먹이식물 주변 땅에 알을 떨어뜨리듯이 낳는다. 알은 한 달 이상 지나 기온이 떨어지면 부화한다.

출현 시기 1월 | 2월 | 3월 | 4월 | 5월 | 6월 | **7월** | **8월** | 9월 | 10월 | 11월 | 12월

황알락그늘나비

★★★

Kirinia epaminondas (Staudinger, 1887)

연 1회

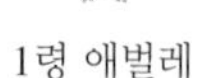

1령 애벌레

기름새, 바랭이, 달뿌리풀

암컷(2021.08.22 경남 함양군 마천면)

암컷(2010.07.12 강원 인제군 서화면 서화리)

수컷(2019.06.28 강원 철원군)

무등산 이북의 낮은 산지부터 높은 산지까지 분포한다. 6월 말쯤에 나타나는데, 초기에 낮은 산지에서 많이 보이다가 8월 중순 이후에는 주로 산꼭대기에서 볼 수 있다. 땅바닥에서 물을 빨아 먹거나 수액에 잘 모인다. 그늘진 곳을 좋아하고 민첩하다. 알은 먹이식물 돌돌 말린 잎 속에 10~20여 개를 한꺼번에 낳는다. 부화한 애벌레는 먹이를 먹지 않고 그대로 겨울잠을 잔다.

출현 시기 | 1월 | 2월 | 3월 | 4월 | 5월 | 6월 | **7월** | **8월** | **9월** | 10월 | 11월 | 12월

알락그늘나비

★★★

Kirinia epimenides (Ménétriès, 1859)

연 1회 1령 애벌레 기름새, 바랭이

짝짓기 : 암컷(위), 수컷(아래) (2010.08.05 강원 홍천군 내면 운두령)

암컷(2019.06.25 강원 춘천시 마적산)

수컷(2010.07.12 강원 인제군 서화면 서화리)

지리산 이북의 산지에 분포한다. 대개 강원도 높은 산지에서 보인다. 황알락그늘나비보다 산지성이 강하다. 7월 초에 나타나며, 8월 말부터 산꼭대기에서 많은 개체를 관찰할 수 있다. 수컷은 높은 가지에서 텃세권을 형성한다. 수액이나 썩은 과일을 좋아한다. 알은 먹이식물 돌돌 말린 잎 속에 10~20여 개를 한꺼번에 낳는다. 부화한 애벌레는 먹이를 먹지 않고 그대로 겨울잠을 잔다.

출현 시기 1월 | 2월 | 3월 | 4월 | 5월 | 6월 | 7월 | 8월 | 9월 | 10월 | 11월 | 12월

뱀눈그늘나비

★★

Lopinga deidamia (Eversmann, 1851)

연 2회

3령 애벌레

주름조개풀, 바랭이, 가는잎그늘사초

짝짓기 : 암컷(위), 수컷(아래) (2018.08.18 강원 평창군 진부면 신기리)

암컷(2019.08.17 강원 평창군 진부면 신기리)

수컷(2019.06.22 강원 철원군)

제주도와 울릉도를 제외한 남한 전역에 분포한다. 경사가 심한 바위가 있는 산에서 보이는 경우가 많다. 5월 말부터 나타나며, 여러 종류 꽃에 날아든다. 주로 높은 산지나 무덤가에서 많이 보이고, 볕이 잘 드는 암벽 주변을 날아다닌다. 암벽에 앉아 쉬는 경우가 많고, 오후에는 꽃에 모여든다. 알은 먹이식물 잎 아랫면에 한 개씩 낳는다.

출현 시기 | 1월 | 2월 | 3월 | 4월 | 5월 | **6월** | **7월** | **8월** | **9월** | 10월 | 11월 | 12월

눈많은그늘나비

★★★

Lopinga achine (Scopoli, 1763)

연 1회

3령 애벌레

김의털, 가는잎그늘사초

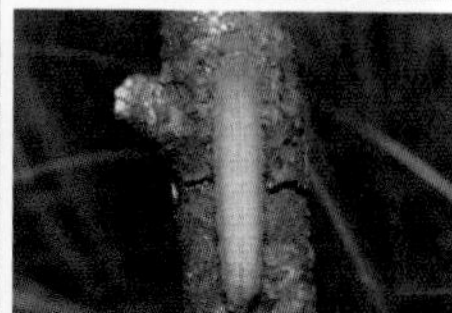

수컷(2020.06.21 강원 정선군 함백산)

암컷(2021.07.03 제주도 한라산)

수컷(2019.06.01 충북 제천시 수산면)

제주도를 포함한 남한 전역에 분포한다. 개활지보다 숲속 그늘진 곳에서 자주 볼 수 있다. 우거진 나무 사이를 빠르게 날아다니며, 오후에는 산꼭대기에서 텃세권을 형성하기도 한다. 오후에 활동성이 강하다. 꽃에 날아들지만, 수액을 더 좋아한다. 알은 먹이식물 잎에 한 개씩 낳는다.

출현 시기 1월 | 2월 | 3월 | 4월 | 5월 | 6월 | 7월 | 8월 | 9월 | 10월 | 11월 | 12월

먹그늘나비

★★

Lethe diana (Butler, 1866)

연 2회 이상

3령 애벌레

조릿대, 달뿌리풀, 억새

암컷(2019.08.24 강원 평창군 진부면 신기리)

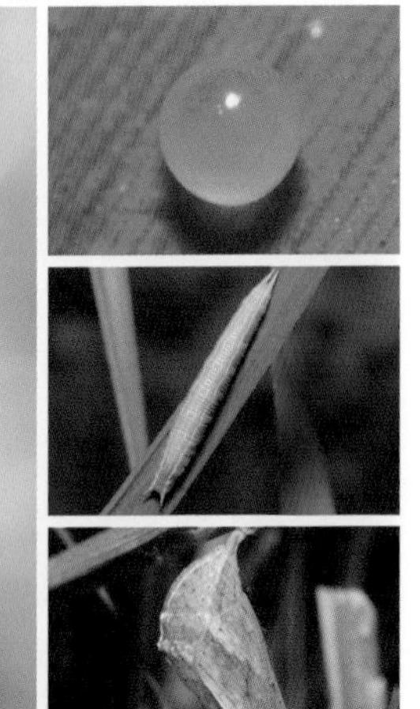

수컷(2007.07.05 강원 평창군 계방산)

수컷(2019.05.17 강원 홍천군 서석면 어론리)

제주도를 포함한 남한 전역에 분포한다. 계곡이 있는 산의 낮은 곳부터 높은 곳까지 폭넓게 보인다. 오전에 땅바닥에서 물을 빨아 먹으며, 짐승의 배설물에도 잘 모인다. 어두운 곳을 좋아해 건물 안으로 들어오는 경우가 많고, 오후 늦게 활동성이 강하다. 수컷은 낮은 풀숲에서 점유 행동을 한다. 알은 먹이식물 잎 아랫면에 한 개씩 낳는다.

출현 시기 1월 | 2월 | 3월 | 4월 | **5월 | 6월 | 7월 | 8월 | 9월** | 10월 | 11월 | 12월

먹그늘붙이나비

★★★☆

Lethe marginalis Motschulsky, 1860

연 1회

3령 애벌레

기름새, 바랭이, 주름조개풀

암컷(2020.08.01 강원 평창군 진부면 신기리)

암컷(2021.06.26 강원 평창군 진부면 신기리)

수컷(2021.07.03 강원 평창군 진부면 신기리)

울릉도를 제외한 지리산과 덕유산 이북 지역에 분포한다. 오후 늦게 활동하기 때문에 관찰이 쉽지 않다. 주로 숲이 우거진 산길에서 보이며, 오후 6~8시에 활발하게 활동한다. 수컷은 햇빛이 들지 않는 키 작은 나무에서 점유 행동을 한다. 알은 먹이식물 잎 뒤에 1~2개 낳는다.

출현 시기 | 1월 | 2월 | 3월 | 4월 | 5월 | 6월 | 7월 | 8월 | 9월 | 10월 | 11월 | 12월

조흰뱀눈나비

★★

Melanargia epimede Staudinger, 1892

연 1회

1령 애벌레

김의털, 겨이삭

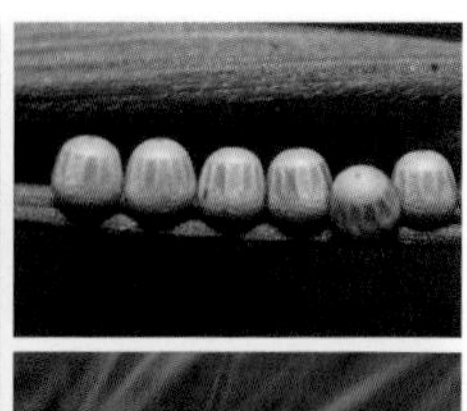

짝짓기 : 수컷(왼쪽), 암컷(오른쪽) (2021.07.24 강원 평창군 오대산)

암컷(2021.06.23 충북 제천시 수산면)

수컷(2021.07.10 강원 평창군 오대산)

제주도를 포함한 남한 내륙지역에 분포한다. 숲속 개활지나 사찰 주변에서 보이며, 높은 산지에 더 많다. 6월 중순부터 나타나고, 암컷은 8월 말에도 보인다. 여러 종류 꽃에 날아들며, 풀숲에 앉아 햇볕을 쬐거나 쉬는 경우가 많다. 알은 먹이식물 주변에 한꺼번에 여러 개를 한 줄로 낳는다. 부화한 애벌레는 먹이를 먹지 않고 그대로 겨울잠을 잔다.

출현 시기 | 1월 | 2월 | 3월 | 4월 | 5월 | 6월 | 7월 | 8월 | 9월 | 10월 | 11월 | 12월

흰뱀눈나비

Melanargia halimede (Ménétriès, 1859)

연 1회

1령 애벌레

김의털, 겨이삭 등

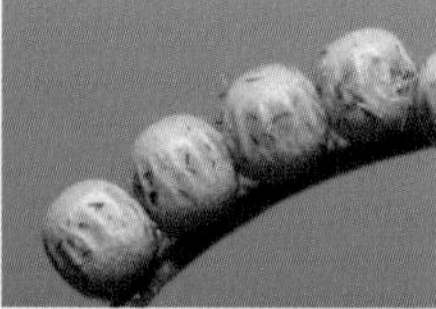

짝짓기 : 암컷(위), 수컷(아래) (2009.07.21 제주도 한라산)

산란(2012.08.10 중국 옌볜)

수컷(2020.06.26 전북 군산시 옥도면 신시도)

제주도와 남해안 지역, 남해 일부 섬에 분포한다. 백두산 낮은 산지에서 다수를 관찰했다. 6월 중순부터 나타나 여러 종류 꽃에 날아들며, 풀숲에 앉아 쉬거나 햇볕을 쬔다. 수컷은 오후에 쉬지 않고 먹이식물 주변을 날아다니며 암컷을 찾는다. 알은 먹이식물 주변에 여러 개를 한 줄로 낳는다. 부화한 애벌레는 먹이를 먹지 않고 그대로 겨울잠을 잔다.

출현 시기 | 1월 | 2월 | 3월 | 4월 | 5월 | 6월 | 7월 | 8월 | 9월 | 10월 | 11월 | 12월

왕그늘나비

★★★★

Ninguta schrenckii (Ménétriès, 1859)

연 1회

2~3령 애벌레

삿갓사초, 비늘사초

수컷(2019.08.17 강원 평창군 진부면 신기리)

암컷(2020.08.13 강원 인제군 서화면 서화리)

수컷(2021.06.26 강원 홍천군 서석면 어론리)

덕유산 이북 산지에 국지적으로 분포했으나, 최근 개체 수가 크게 줄었다. 한낮에 숲 속 나무 사이를 날아다녀서 사진 촬영이 어렵다. 짝짓기 하는 채로 나무 위를 활발하게 날아다니기도 한다. 산꼭대기에서 점유 행동을 보이지만 강하지 않다. 알은 먹이식물 줄기에 10여 개를 한 줄로 낳는다.

출현 시기 1월 | 2월 | 3월 | 4월 | 5월 | 6월 | 7월 | 8월 | 9월 | 10월 | 11월 | 12월

네발나비과 뱀눈나비아과 동정 키포인트

애물결나비 윗면

눈알 무늬가 6~7개다.

애물결나비 아랫면

물결나비 암컷 윗면

눈알 무늬가 외연에 닿아 있다.

물결나비 아랫면

석물결나비 수컷 윗면

석물결나비 아랫면

부처나비 암컷

부처나비 수컷

함경산뱀눈나비 암컷

함경산뱀눈나비 수컷

외눈이지옥나비 암컷

외눈이지옥나비 수컷

부처사촌나비 봄형

부처사촌나비 여름형

참산뱀눈나비 암컷

참산뱀눈나비 수컷

외눈이지옥사촌나비 수컷 윗면

외눈이지옥사촌나비 수컷 아랫면

황알락그늘나비 암컷

황알락그늘나비 수컷

먹그늘나비 암컷

먹그늘나비 수컷

조흰뱀눈나비 암컷

조흰뱀눈나비 수컷

알락그늘나비 암컷

알락그늘나비 수컷

먹그늘붙이나비 암컷

먹그늘붙이나비 수컷

흰뱀눈나비 암컷

흰뱀눈나비 수컷

팔랑나비과

독수리팔랑나비

★★★

Burara aquilina (Speyer, 1879)

연 1회

2~3령 애벌레

음나무(엄나무)

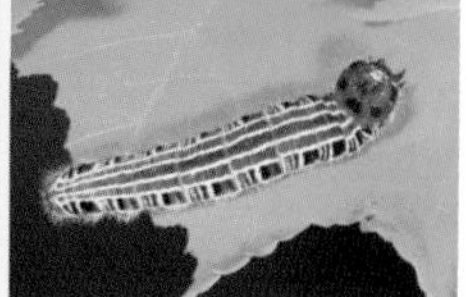

암컷(2011.07.01 강원 화천군 해산령)

수컷(2011.06.30 강원 화천군 해산령)

수컷(2013.06.23 강원 홍천군 내면 을수골)

강원도 높은 산지와 경기도 일부 산지에 분포한다. 개체 수가 해에 따라 늘기도 하고 줄기도 하는데, 점점 줄어드는 추세다. 6월 중순 이후에 나타나며, 땅바닥에서 물을 빨아 먹거나 짐승의 배설물에 잘 모인다. 여러 종류 꽃에도 날아든다. 오전에는 잘 보이지 않고 오후에 활동성이 강하다. 한낮에 그늘진 건물에 날아오는 경우가 많다. 알은 음나무 잎 주변에 한 개씩 낳는다.

출현 시기 | 1월 | 2월 | 3월 | 4월 | 5월 | 6월 | **7월** | 8월 | 9월 | 10월 | 11월 | 12월

푸른큰수리팔랑나비

Choaspes benjaminii (Guérin-Méneville, 1843)

연 2회

번데기

합다리나무, 나도밤나무

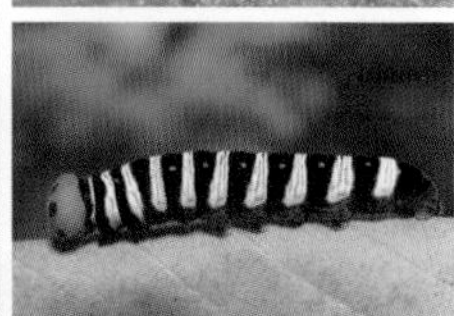

짝짓기 : 암컷(왼쪽), 수컷(오른쪽) (2019.05.05 부산 기장군 장안사)

암컷(2022.04.27 부산 기장군 장안사)

수컷(2011.05.16 전북 부안군 변산면)

제주도와 남부 지방에 분포했으나, 최근 충남 서산 · 청양 등지에서도 많은 개체가 보인다. 5월 초순에 나타나 여러 종류 꽃에 날아온다. 그늘진 곳을 좋아하며, 오후 늦게 산꼭대기에 모여 점유 행동을 한다. 알은 그늘지고 바람이 잘 통하는 곳에 있는 먹이식물 잎 주변에 한 개씩 낳는다. 애벌레는 잎사귀를 반으로 접어 지은 집에 있다가 오후 늦게 먹이 활동을 한다.

출현 시기 | 1월 | 2월 | 3월 | 4월 | **5월** | **6월** | **7월** | **8월** | 9월 | 10월 | 11월 | 12월

대왕팔랑나비

★★★

Satarupa nymphalis (Speyer, 1879)

연 1회

3령 애벌레

황벽나무

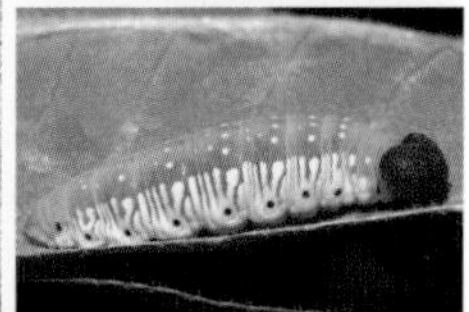

수컷(2012.06.22 강원 춘천시 남면 가정리)

암컷(2021.06.26 전북 무주군 덕유산)

수컷(2019.07.08 중국 옌볜)

제주도와 울릉도를 제외한 남한 전역에 분포하나, 주로 높은 산지에서 보인다. 6월 중순부터 나타나며, 땅바닥에서 물을 빨아 먹거나 여러 종류 꽃에 날아든다. 수컷은 한낮에 높은 나뭇가지에 앉아 텃세권을 형성한다. 알은 황벽나무 잎끝에 여러 개를 한꺼번에 낳는다. 애벌레는 황벽나무 가지 끝에 매달린 마른 잎 속에서 겨울을 난다. 기생벌에 기생 당하거나 말라 죽는 경우가 많다.

출현 시기 1월 | 2월 | 3월 | 4월 | 5월 | 6월 | 7월 | 8월 | 9월 | 10월 | 11월 | 12월

왕자팔랑나비

★

Daimio tethys (Ménétriès, 1857)

연 2회　　종령 애벌레　　마, 단풍마

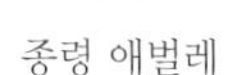

짝짓기 : 수컷(위), 암컷(아래) (2022.04.27 부산 기장군 장안사)

암컷(2020.08.01 강원 평창군 진부면 신기리)

수컷(2021.07.24. 제주 서귀포시 군산오름)

제주도를 포함한 남한 각지에 분포한다. 주로 낮은 산지, 산 초입, 민가 주변에서 보인다. 4월 중순부터 나타나며, 발생 초기에는 땅바닥이나 낮은 풀숲에서 볕을 쬔다. 여러 종류 꽃에 날아들고, 햇빛이 강한 날에는 날개를 편 채 나뭇잎 아랫면에서 쉰다. 암컷은 먹이식물 잎 위에 앉아서 알을 낳은 뒤, 자기 배의 털로 덮는 습성이 있다.

출현 시기　1월 | 2월 | 3월 | 4월 | 5월 | 6월 | 7월 | 8월 | 9월 | 10월 | 11월 | 12월

왕팔랑나비

★★

Lobocla bifasciata (Bremer et Grey, 1853)

연 1회

종령 애벌레

칡, 아까시나무, 싸리류

짝짓기 : 암컷(위), 수컷(아래) (2012.06.23 강원 인제군 서화면 서화리)

암컷(2019.06.28 강원 철원군)

수컷(2019.06.22 강원 철원군)

제주도와 울릉도를 제외한 남한 전역에 분포하며, 백령도에서 애벌레를 찾은 적도 있다. 6월 초순부터 보이며, 여러 종류 꽃에 날아든다. 수컷은 한낮에 칡 잎에 앉아 텃세권을 형성하다가 오후에는 암컷을 따라다니며 구애하나, 대부분 짝짓기에 실패한다. 알은 바람 부는 오후에 먹이식물 잎 위에 한 개씩 낳는다.

출현 시기 | 1월 | 2월 | 3월 | 4월 | 5월 | **6월** | 7월 | 8월 | 9월 | 10월 | 11월 | 12월

멧팔랑나비

★

Erynnis montanus (Bremer, 1861)

연 1회 종령 애벌레 신갈나무, 떡갈나무

짝짓기 : 암컷(왼쪽), 수컷(오른쪽) (2010.05.07 강원 춘천시 남면 가정리)

암컷(2020.04.11 강원 춘천시 남면 가정리)

수컷(2019.04.13 경기 가평군 화야산)

제주도와 울릉도를 제외한 남한 전역에 분포한다. 계곡을 낀 낮은 산지에서 흔히 보인다. 3월 말부터 나타나며, 발생 초기에는 땅바닥에서 물을 빨아 먹는다. 여러 종류 꽃에 날아들며 짐승의 배설물에 잘 모인다. 개체 수가 많은 편이지만 짝짓기를 관찰하기 어렵다. 알은 오후에 그늘지고 낮은 참나무 새순에 한 개씩 낳는다.

출현 시기 | 1월 | 2월 | 3월 | **4월** | **5월** | 6월 | 7월 | 8월 | 9월 | 10월 | 11월 | 12월

꼬마흰점팔랑나비

★★★

Pyrgus malvae (Linnaeus, 1758)

연 1회 번데기 양지꽃, 딱지꽃, 짚신나물

짝짓기 : 암컷(위), 수컷(아래) (2017.04.15 강원 영월군 한반도면 쌍용리)

암컷(2020.04.04 강원 영월군 한반도면 쌍용리)

수컷(2012.04.19 강원 영월군 한반도면 쌍용리)

경북 울진, 강원 영월 · 삼척 · 양양 등지에 국지적으로 분포한다. 백두산 주변 산지에서도 관찰 기록이 있다. 4월 중순부터 나타나며, 오전에는 땅바닥에서 물을 빨아 먹거나 햇볕을 쬔다. 여러 종류 꽃에 날아오고 특히 노란색 꽃에 잘 모인다. 수컷은 낮은 풀숲 위에서 약하게 점유 행동을 한다. 알은 먹이식물 잎에 한 개씩 낳는다. 8월쯤 번데기가 돼서 겨울을 나지만, 가끔 날개돋이 하는 개체도 있다.

출현 시기 1월 | 2월 | 3월 | 4월 | 5월 | 6월 | 7월 | 8월 | 9월 | 10월 | 11월 | 12월

흰점팔랑나비

Pyrgus maculatus (Bremer et Grey, 1853)

연 2회

번데기

딱지꽃, 양지꽃

짝짓기 : 수컷(왼쪽), 암컷(오른쪽) (2019.07.26 중국 옌볜)

봄형 암컷(2022.04.28 대구 달성군 화원읍)

여름형 암컷(2021.07.20 제주 제주시 구좌읍 송당리)

제주도를 포함한 남한 전역에 분포한다. 최근 개체 수가 급격히 줄었다. 양지바른 풀밭, 숲속 개활지, 민가 주변에서 흔히 보인다. 오전에 땅바닥에서 물을 빨아 먹거나 볕을 쬐고, 한낮에는 풀숲에서 점유 행동을 한다. 여러 종류 꽃에 날아든다. 봄형과 여름형 날개 무늬가 뚜렷이 다르다. 알은 먹이식물 잎 윗면이나 아랫면에 한 개씩 낳는다.

출현 시기 | 1월 | 2월 | 3월 | 4월 | 5월 | 6월 | 7월 | 8월 | 9월 | 10월 | 11월 | 12월

은줄팔랑나비

Leptalina unicolor (Bremer et Grey, 1853)

★★★½
환경부 지정
멸종 위기 야생 생물 II급

연 2회

종령 애벌레

갈대, 억새

봄형 짝짓기 : 수컷(왼쪽), 암컷(오른쪽) (2012.05.22 강원 인제군)

수컷(2018.05.19 강원 인제군 서화면 서화리)

여름형 암컷(2021.07.10 강원 원주시)

예전에는 경상도와 강원도 높은 산지에서 국지적으로 볼 수 있었으나, 최근 하천 변 곳곳에서 보이며 개체 수도 많은 편이다. 5월 초순부터 나타나 갈대 사이를 톡톡 뛰듯이 날아다닌다. 갈대가 크게 자라면 관찰하기 어렵다. 여러 종류 꽃에 날아든다. 알은 갈댓잎 새순에 한 개씩 낳는다. 한겨울까지 종령 애벌레로 있다가 기온이 조금 오르면 그 자리에서 번데기가 된다.

출현 시기 | 1월 | 2월 | 3월 | 4월 | **5월** | **6월** | **7월** | 8월 | 9월 | 10월 | 11월 | 12월

돈무늬팔랑나비

★★★

Heteropterus morpheus (Pallas, 1771)

연 2회

4령 애벌레

기름새, 큰기름새

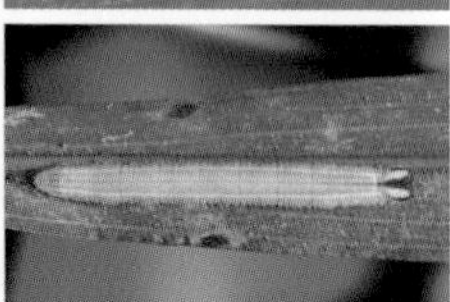

짝짓기 : 암컷(왼쪽), 수컷(오른쪽) (2012.07.12 중국 옌볜)

암컷(2019.06.01 충북 제천시 수산면)

수컷(2019.06.01 충북 제천시 수산면)

제주도와 울릉도를 제외한 전역에 분포한다. 산과 가까운 풀밭, 숲속 개활지에서 흔히 보인다. 은줄팔랑나비처럼 톡톡 뛰듯이 날아다닌다. 오전에는 날개를 펴고 낮은 풀잎에 앉아 햇볕을 쬔다. 수컷은 한낮에 낮은 풀숲을 날아다니며 암컷을 찾는다. 암컷은 먹이식물 줄기의 높은 데 앉았다가 뒷걸음치며 낮은 데로 내려와 알을 낳는다.

출현 시기 1월 | 2월 | 3월 | 4월 | 5월 | **6월** | **7월** | **8월** | 9월 | 10월 | 11월 | 12월

참알락팔랑나비

★★★

Carterocephalus dieckmanni Graeser, 1888

연 1회

종령 애벌레

기름새, 강아지풀 등

짝짓기 : 수컷(왼쪽), 암컷(오른쪽) (2019.05.18 강원 인제군 서화면 서화리)

수컷(2017.05.31 강원 정선군 함백산)

암컷(2020.03.28 강원 평창군 진부면 신기리 사육산)

지리산 이북의 높은 산지에서 보인다. 최근 개체 수가 줄었다. 백두산 주변 낮은 산지에서도 보이나, 개체 수는 많지 않다. 오전에 땅바닥에서 물을 빨아 먹거나 볕을 쬔다. 여러 종류 꽃에 날아들며, 오후에는 풀숲에서 텃세권을 형성한다. 알은 먹이식물 잎 아랫면에 한 개씩 낳는다. 종령 애벌레는 돌돌 말린 낙엽 속에서 겨울을 나는데, 먹이를 먹지 않고 번데기가 된다.

출현 시기 1월 | 2월 | 3월 | 4월 | **5월** | **6월** | 7월 | 8월 | 9월 | 10월 | 11월 | 12월

수풀알락팔랑나비

Carterocephalus silvicola (Meigen, 1829)

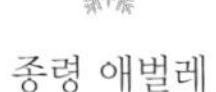

연 1회 | 종령 애벌레 | 기름새, 주름조개풀

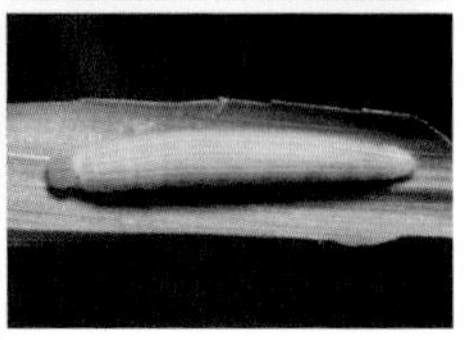

짝짓기 : 수컷(왼쪽), 암컷(오른쪽) (2004.05.21 강원 평창군 오대산)

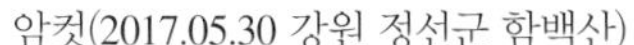

암컷(2017.05.30 강원 정선군 함백산)

수컷(2018.05.07 강원 홍천군 서석면 어론리)

지리산 이북의 높은 산지에 주로 분포한다. 낮은 산지에서는 개체 수가 줄었다. 5월 초순부터 나타나 여러 종류 꽃에 날아온다. 한낮에는 낮은 풀숲에서 텃세권을 형성한다. 암컷과 수컷 날개 무늬가 달라 구별하기 쉽다. 알은 먹이식물 잎 아랫면에 1~2개 낳는다. 종령 애벌레는 돌돌 말린 낙엽 속에서 겨울을 나는데, 먹이를 먹지 않고 번데기가 된다.

출현 시기 | 1월 | 2월 | 3월 | 4월 | **5월** | **6월** | 7월 | 8월 | 9월 | 10월 | 11월 | 12월

지리산팔랑나비

★★★

Isoteinon lamprospilus C. et R. Felder, 1862

연 1회

1령 애벌레

기름새, 큰기름새, 억새

암컷(2007.07.15 강원 춘천시 남면 가정리)

수컷(2007.07.28 강원 설악산)

수컷(2021.07.18 전북 남원시 실상사)

섬 지역을 제외한 남한 전역에 분포한다. 주로 낮은 산지에서 보인다. 어두운 숲 길가 큰기름새나 기름새 주변에서 잎을 돌돌 말고 있는 애벌레가 흔히 보이지만, 워낙 많이 기생 당해서 어른벌레를 관찰하기는 어렵다. 여러 종류 꽃에 날아들며, 풀숲에서 쉬는 모습을 볼 수 있다. 주로 오후에 왕성하게 활동한다. 알은 먹이식물 잎 아랫면에 한 개씩 낳는다.

출현 시기 | 1월 | 2월 | 3월 | 4월 | 5월 | 6월 | **7월** | **8월** | 9월 | 10월 | 11월 | 12월

꽃팔랑나비 ★★★

Hesperia florinda (Butler, 1878)

연 1회

알

김의털, 가는잎그늘사초

짝짓기 : 암컷(왼쪽), 수컷(오른쪽) (2003.08.07 강원 영월군 한반도면 쌍용리)

암컷(2010.08.07 강원 영월군 한반도면 쌍용리)

수컷(2010.08.14 강원 양구군 해안면)

충북 제천과 강원 영월 이북에 분포하며, 제주도 한라산에서도 관찰 기록이 있다. 7월 중순부터 나타나 여러 종류 꽃에 날아든다. 한낮에는 산 정상으로 날아가 텃세권을 형성한다. 알은 그늘진 김의털 잎줄기에 한 개씩 낳고, 팔랑나비류 알 가운데 큰 편이어서 찾기 쉽다. 애벌레는 특이하게 김의털 뿌리 부분으로 파고들어 실을 토해서 집을 짓고 산다.

출현 시기 1월 | 2월 | 3월 | 4월 | 5월 | 6월 | **7월** | **8월** | 9월 | 10월 | 11월 | 12월

줄꼬마팔랑나비

★★

Thymelicus leoninus (Butler, 1878)

연 1회

1령 애벌레

실새풀, 갈풀, 개밀

짝짓기 : 수컷(왼쪽), 암컷(오른쪽) (2014.08.05 강원 강릉시)

수컷(2019.06.21 강원 홍천군 서석면 어론리 사육산)

산란(2018.08.18 강원 평창군 진부면 신기리)

지리산 이북 산지에 폭넓게 분포한다. 수풀꼬마팔랑나비보다 산지성이 강하다. 7월 초순부터 나타나고, 발생 초기에 땅바닥에서 물을 빨아 먹는다. 풀숲을 날아다니며 여러 종류 꽃에 날아든다. 알은 8월 중순쯤 먹이식물 마른 잎 사이에 2~3개 낳는다. 부화한 애벌레는 먹이를 먹지 않고 겨울잠을 잔다. 1령 애벌레는 약하게 실을 토해 방을 만든다. 사육하면 기름새를 먹기도 한다.

출현 시기 1월 | 2월 | 3월 | 4월 | 5월 | 6월 | **7월** | **8월** | 9월 | 10월 | 11월 | 12월

수풀꼬마팔랑나비 ★★

Thymelicus sylvaticus (Bremer, 1861)

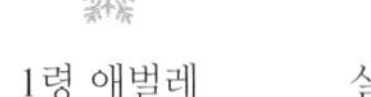

연 1회 1령 애벌레 실새풀, 갈풀, 개밀

수컷(2019.06.25 강원 영월군 한반도면 후탄리 사육산)

암컷(2007.07.18 강원 춘천시 남면 가정리)

수컷(2021.07.12 강원 영월군 한반도면 후탄리)

남한 전역에 분포한다. 주로 7월 중순부터 나타나는데, 낮은 산지에 많고 가끔 높은 산지에서도 보인다. 여러 종류 꽃에 날아들며, 오후에는 풀밭 위에서 텃세권을 형성한다. 암컷은 수컷보다 1~2주 늦게 나타나며, 먹이식물 근처 마른 잎에 꼬리를 박고 알을 3개 낳는다. 애벌레는 먹이를 먹지 않고 겨울잠을 잔다. 1령 애벌레는 약하게 실을 토해 방을 만든다. 사육하면 기름새를 먹기도 한다.

출현 시기 1월 | 2월 | 3월 | 4월 | 5월 | 6월 | **7월** | **8월** | 9월 | 10월 | 11월 | 12월

황알락팔랑나비

★★★

Potanthus flavus (Murray, 1875)

연 2회

3령 애벌레

기름새, 큰기름새, 억새

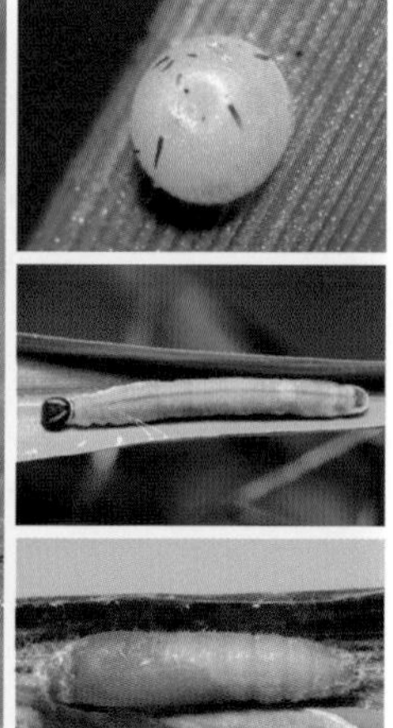

짝짓기 : 암컷(왼쪽), 수컷(오른쪽) (2019.06.14 경기 하남시 검단산)

암컷(2019.06.25 강원 춘천시 마적산)

수컷(2021.06.23 충북 제천시 수산면)

제주도를 포함한 남한 전역에 분포한다. 6월 중순부터 나타나며, 풀밭에서 햇볕을 쬐거나 여러 종류 꽃에 날아든다. 강원도와 경기도는 주로 숲 길가의 기름새나 큰기름새 주변에서 애벌레가 보인다. 제주도에서는 억새류 잎에 애벌레가 흔하지만, 기생 당한 경우가 많다. 알은 대체로 그늘진 곳에 있는 잎 뒷면에 한 개씩 낳는다.

출현 시기 | 1월 | 2월 | 3월 | 4월 | 5월 | **6월** | **7월** | **8월** | **9월** | 10월 | 11월 | 12월

파리팔랑나비

Aeromachus inachus (Ménétriès, 1859)

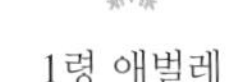

연 2회 | 1령 애벌레 | 기름새, 큰기름새

짝짓기 : 수컷(왼쪽), 암컷(오른쪽) (2019.07.26 중국 옌벤)

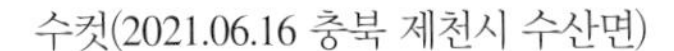

수컷(2021.06.16 충북 제천시 수산면)

수컷(2021.06.16 충북 제천시 수산면)

제주도와 울릉도를 제외한 남한 전역에 분포한다. 주로 산과 가까운 풀밭, 숲속 공터 주변에서 보이나, 최근 개체 수가 크게 줄었다. 국지적으로 발생하는 경향이 있고, 크기가 작아 관찰하기 어렵다. 오전에는 여러 종류 꽃에 날아들고, 오후가 되면 낮은 풀숲에서 텃세권을 형성한다. 애벌레는 주로 그늘진 곳에 있는 기름새에서 보인다.

출현 시기 1월 | 2월 | 3월 | 4월 | 5월 | **6월** | **7월** | **8월** | 9월 | 10월 | 11월 | 12월

검은테떠들썩팔랑나비

★★★

Ochlodes ochraceus (Bremer, 1861)

연 1회

4령 애벌레

사초과 식물

암컷(2021.07.11 강원 설악산)

수컷(2021.07.11 강원 설악산)

암컷(2021.07.11 강원 설악산)

제주도를 포함한 남한 전역에 분포한다. 주로 높은 산지에서 보인다. 낮은 곳은 6월 중순, 높은 산지는 7월에 나타난다. 여러 종류 꽃에 날아들며, 풀숲에서 햇볕을 쬐거나 약하게 점유 행동을 한다. 암컷은 오후에 활발히 활동하며, 알은 먹이식물 주변에 한 개씩 낳는다. 애벌레는 먹이식물을 실로 감싸고 숨는 다른 팔랑나비류와 달리 먹이식물 아래 낙엽 속에 숨는다.

출현 시기 | 1월 | 2월 | 3월 | 4월 | 5월 | **6월** | **7월** | **8월** | 9월 | 10월 | 11월 | 12월

유리창떠들썩팔랑나비

Ochlodes subhyalinus (Bremer et Grey, 1853)

연 1회

4령 애벌레

사초과 식물

짝짓기 : 수컷(왼쪽), 암컷(오른쪽) (2021.06.23 충북 제천시 수산면)

암컷(왼쪽), 수컷(오른쪽) (2020.06.27 충북 제천시 수산면)

수컷(2021.06.23 충북 제천시 수산면)

제주도를 포함한 남한 전역에 분포한다. 주로 산과 가까운 풀밭, 숲속 개활지 주변, 낮은 산지에서 보인다. 개체 수가 다른 팔랑나비류보다 많은 편이다. 오전에는 여러 종류 꽃에 날아들며, 오후에는 낮은 풀밭에 앉아 텃세권을 형성한다. 짝짓기는 주로 오후에 볼 수 있다. 알은 먹이식물 아랫면에 한 개씩 낳는다.

출현 시기 | 1월 | 2월 | 3월 | 4월 | 5월 | **6월** | **7월** | **8월** | 9월 | 10월 | 11월 | 12월

수풀떠들썩팔랑나비

★★★★★

Ochlodes venatus (Bremer et Grey, 1853)

연 1회 | 4령 애벌레 | 기름새, 큰기름새

암컷(위), 수컷(아래) (2012.07.21 중국 옌벤)

수컷(2019.07.01 중국 옌벤)

수컷(2019.07.16 중국 옌벤)

제주도, 지리산 이북 산지에 국지적으로 분포한다. 예전에는 강원 영월 · 평창 · 인제 등지에 흔했으나, 10년 전부터 보이지 않는다. 백두산 주변 낮은 산지에는 개체 수가 매우 많다. 산속 개활지 주변에서 보이고 여러 종류 꽃에 날아든다. 수컷은 오후에 풀숲에서 날개를 펴고 앉아 텃세권을 형성한다. 알은 먹이식물 아랫면에 한 개씩 낳는다.

출현 시기 | 1월 | 2월 | 3월 | 4월 | 5월 | 6월 | **7월** | 8월 | 9월 | 10월 | 11월 | 12월

산수풀떠들썩팔랑나비

Ochlodes sylvanus (Esper, 1777)

연 1회

4령 애벌레

사초과 식물

짝짓기 : 수컷(왼쪽), 암컷(오른쪽) (2007.07.03 강원 화천군 해산령)

암컷(사육산, 2019.05.29 강원 화천군 해산령)

수컷(2008.07.15 강원 화천군 광덕산)

강원도 산지에서 흔히 볼 수 있고, 숲이 우거진 산길에 많다. 가끔 산꼭대기에서 점유행동을 한다. 오전에는 땅바닥에서 물을 빨아 먹는다. 알은 먹이식물 잎 아랫면에 한 개씩 낳는다. 애벌레는 먹이식물 아랫부분에 잎을 말고 숨거나 주변 낙엽 속에 숨는 경우가 많다. 4령 애벌레로 겨울을 난다.

출현 시기 1월 | 2월 | 3월 | 4월 | 5월 | **6월** | **7월** | 8월 | 9월 | 10월 | 11월 | 12월

산줄점팔랑나비

★★★½

Pelopidas jansonis (Butler, 1878)

연 1회

번데기

억새, 달뿌리풀

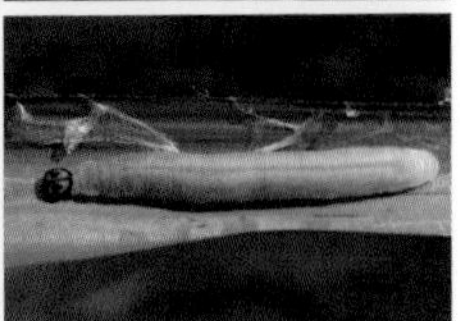

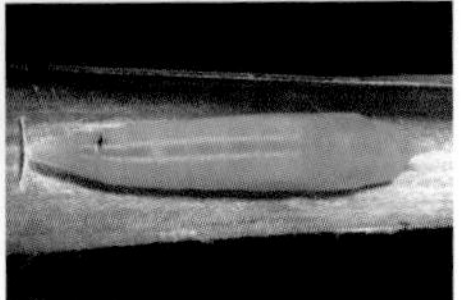

수컷(2019.05.11 강원 원주시)

암컷(2019.05.11 강원 원주시)

수컷(2018.05.19 강원 인제군 서화면 서화리)

제주도와 울릉도를 제외한 남한 전역에 분포한다. 최근 개체 수가 크게 줄었다. 요즘은 주로 하천 변 억새가 많은 곳에서 보이고, 산지에서는 만나기 어렵다. 서식지가 겹치는 은줄팔랑나비보다 일주일 늦게 나타나 여러 종류 꽃에 날아든다. 오전에 풀숲에서 햇볕을 쬐다가 오후에는 텃세권을 강하게 형성한다. 알은 먹이식물 아랫면에 한 개씩 낳는다.

출현 시기 | 1월 | 2월 | 3월 | 4월 | **5월** | **6월** | **7월** | **8월** | 9월 | 10월 | 11월 | 12월

흰줄점팔랑나비

★★★

Pelopidas sinensis (Mabille, 1877)

연 2회

번데기

기름새, 큰기름새

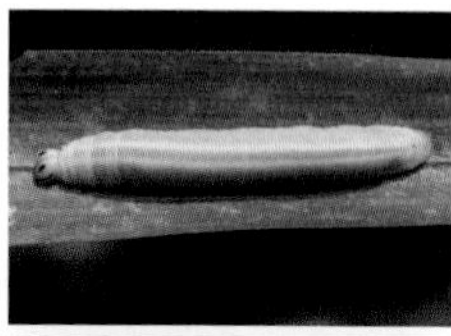

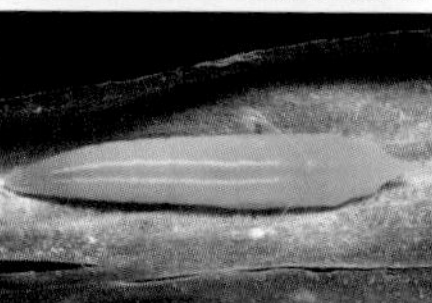

짝짓기 : 암컷(왼쪽), 수컷(오른쪽) (2020.05.01 강원 춘천시 남면 가정리)

암컷(2019.06.01 충북 제천시 수산면)

수컷(2018.05.10 강원 홍천군 서석면 어론리)

국내에서는 2007년 처음 기록된 나비다. 주로 강원도와 경기도 산지의 풀밭, 계곡을 낀 산길, 산 중턱 개활지에서 보인다. 5월 초순부터 나타난다. 오전에는 관찰하기 어렵고, 오후 3~4시 이후 햇빛이 드는 땅바닥에서 점유 행동을 한다. 다른 수컷이 날아오면 내쫓고 돌아와 자리를 지킨다. 알은 그늘진 먹이식물 주변에 한 개씩 낳는다.

출현 시기 | 1월 | 2월 | 3월 | 4월 | **5월** | **6월** | **7월** | **8월** | 9월 | 10월 | 11월 | 12월

줄점팔랑나비

★

Parnara guttata (Bremer et Grey, 1853)

연 2회

확인되지 않음

억새, 기름새, 강아지풀

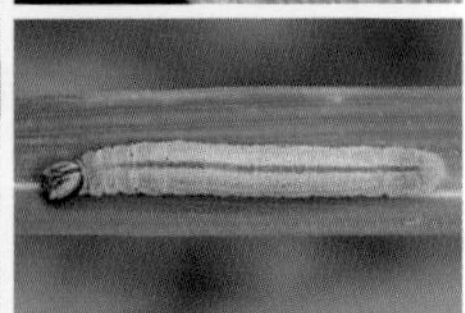

암컷(2020.09.05 경기 가평군 화악산)

암컷(2020.08.17 전북 무주군 덕유산)

수컷(2018.08.25 강원 양구군 해안면)

제주도와 울릉도를 포함한 남한 전역에 분포한다. 주로 한여름이나 가을에 나타난다. 산과 가까운 풀밭, 산속 개활지, 민가 주변 등 어디서나 보이며, 개체 수가 매우 많다. 오전에는 땅바닥이나 낮은 풀숲에 앉아 햇볕을 쬔다. 여러 종류 꽃에 잘 날아든다. 알은 먹이식물 꽃대나 줄기에 한 개씩 낳는다. 내륙에서 월동이 가능한지 확인해볼 필요가 있다.

출현 시기 | 1월 | 2월 | 3월 | 4월 | 5월 | 6월 | 7월 | 8월 | 9월 | 10월 | 11월 | 12월

산팔랑나비

★★★★

Zinaida zina (Evans, 1932)

연 1회

1령애벌레

억새류

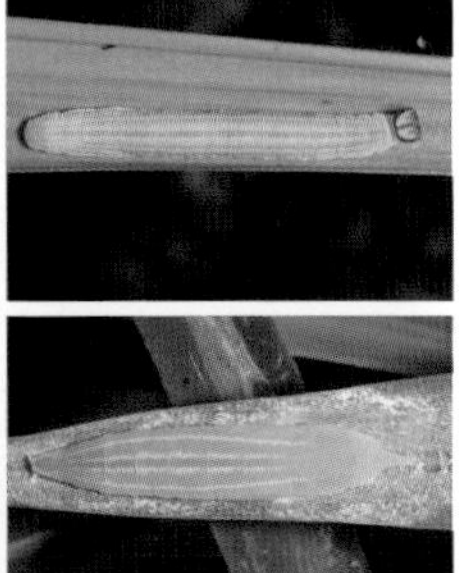

짝짓기 : 수컷(왼쪽), 암컷(오른쪽) (2015.08.03 충남 홍성군 삼준산)

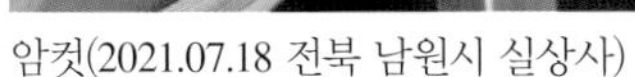

암컷(2021.07.18 전북 남원시 실상사)

수컷(2020.07.26 경기 안산시 대부도)

제주도와 울릉도를 제외한 남한 전역에 국지적으로 분포하며, 개체 수는 많지 않다. 산속 숲길이나 개활지 주변에서 보이고, 여러 종류 꽃에 날아든다. 최근 전북 남원, 충남 서산, 경기 안산시 대부도, 강원 설악산에서 관찰했다. 애벌레는 억새류 잎에 집을 짓는데, 머리만 가린 상태로 지내기 때문에 기생 당하는 경우가 대부분이다.

출현 시기 | 1월 | 2월 | 3월 | 4월 | 5월 | 6월 | **7월** | **8월** | 9월 | 10월 | 11월 | 12월

제주꼬마팔랑나비

★★★

Pelopidas mathias (Fabricius, 1798)

연 2회 이상

확인되지 않음

억새류, 강아지풀

암컷(2014.08.27 경남 거제시 동부면)

암컷(2021.09.11 전남 신안군 흑산도 사육산)

수컷(2020.10.09 전북 무주군 안성면)

제주도와 남해안 섬 지역에 주로 분포한다. 최근에는 전북 무주에서도 애벌레와 어른벌레가 눈에 띈다. 기후변화로 점점 북상하는 것으로 보인다. 여러 종류 꽃에 날아든다. 오전에 축축한 땅에서 물을 빨아 먹거나 짐승의 배설물에 모이고, 오후에는 풀숲에 앉아 텃세권을 형성한다. 꼬마팔랑나비속에 들지 않으니 이름을 제주팔랑나비로 바꿔야 한다고 생각하나, 국립생물자원관 표기를 따랐다.

출현 시기 1월 | 2월 | 3월 | 4월 | 5월 | 6월 | 7월 | 8월 | 9월 | 10월 | 11월 | 12월

왕자팔랑나비 암컷

왕자팔랑나비 수컷

왕팔랑나비 암컷

왕팔랑나비 수컷

꼬마흰점팔랑나비 윗면

꼬마흰점팔랑나비 아랫면

흰점팔랑나비 윗면

흰점팔랑나비 아랫면

줄꼬마팔랑나비 암컷

줄꼬마팔랑나비 수컷

검은테떠들썩팔랑나비 암컷

검은테떠들썩팔랑나비 수컷

수풀떠들썩팔랑나비 암컷

수풀떠들썩팔랑나비 수컷

수풀꼬마팔랑나비 암컷

수풀꼬마팔랑나비 수컷

유리창떠들썩팔랑나비 암컷

유리창떠들썩팔랑나비 수컷

산수풀떠들썩팔랑나비 암컷

산수풀떠들썩팔랑나비 수컷

산줄점팔랑나비 윗면

산줄점팔랑나비 아랫면

줄점팔랑나비 윗면

줄점팔랑나비 아랫면

꽃팔랑나비 암컷

꽃팔랑나비 수컷

흰줄점팔랑나비 윗면

흰줄점팔랑나비 아랫면

산팔랑나비 윗면

산팔랑나비 아랫면

제주꼬마팔랑나비 암컷

제주꼬마팔랑나비 수컷

한국 나비 미기록종

연쇳빛부전나비(신칭)와 북방은점표범나비(신칭), 한라은점표범나비 등 미기록 3종, 귤빛부전나비와 산호랑나비 등 아종 2종, 같은 종으로 보는 참산뱀눈나비와 함경산뱀눈나비, 범부전나비와 울릉범부전나비를 따로 분류했다. 전문가마다 견해가 다를 수 있지만, 알과 애벌레, 번데기, 어른벌레의 생태를 고려했다.

연쇳빛부전나비(신칭)

Callophrys aleucopuncta K. Johnson, 1992

연쇳빛부전나비는 다른 쇳빛부전나비류와 달리 괴불나무를 먹이식물로 한다. 어른벌레는 날개가 잘 상해서 발생 초기에 발견하지 않으면 다른 쇳빛부전나비류와 혼동하기 쉽다. 발생 초기의 깨끗한 개체는 날개 무늬가 연한 색을 띠어 연쇳빛부전나비라고 이름 붙였다. 학명은 러시아 도감 《Guide to the butterflies of Russia and adjacent territories》(Edited by V. K. Tuzov 외, 2000)를 따랐다.

사육 개체(2022.04.05) 연쇳빛부전나비 산란(2022.04.06)

연쇳빛부전나비 알 모양

연쇳빛부전나비 생활사 기간

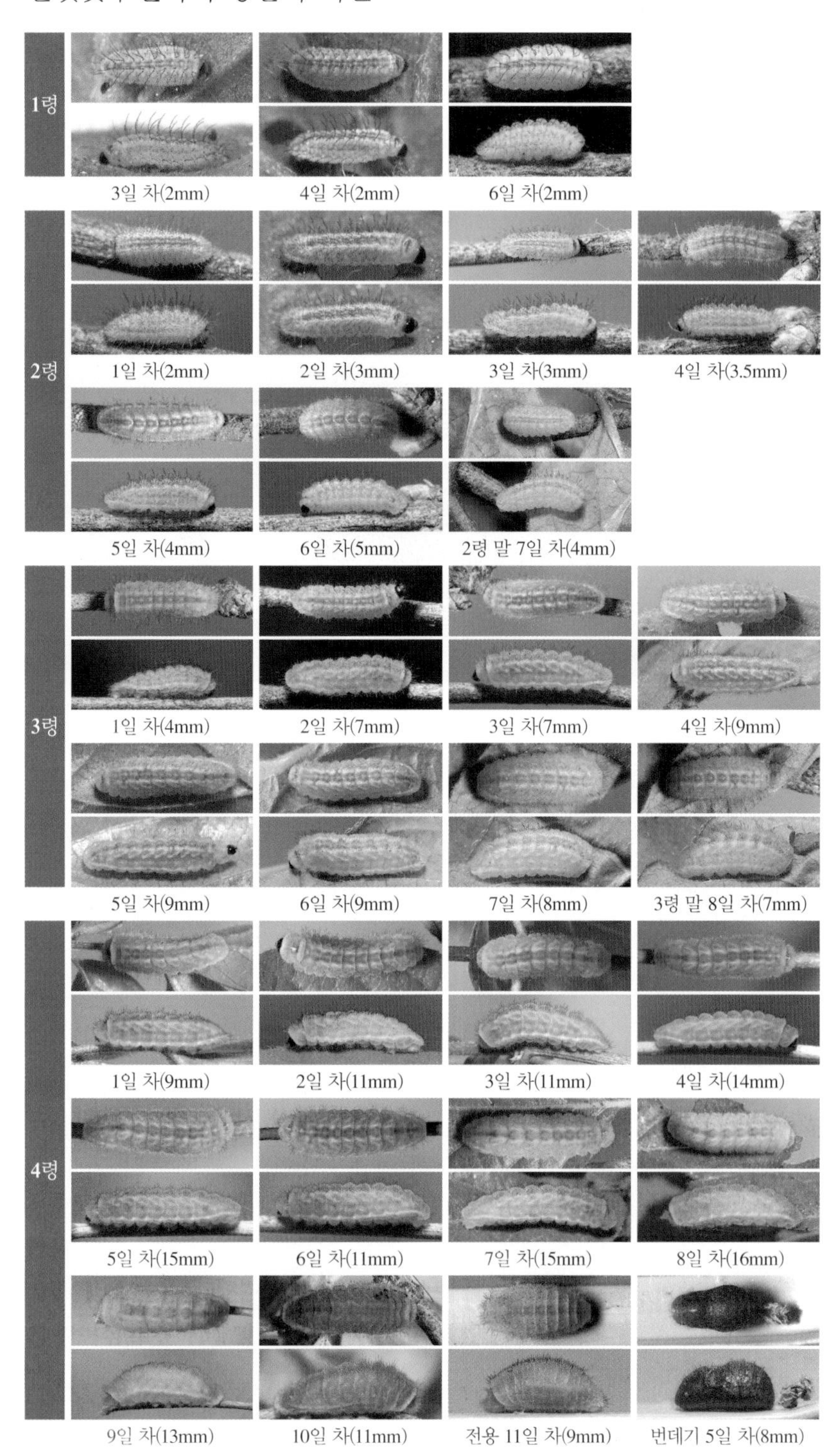

북방은점표범나비(신칭)

Fabriciana xipe (Grum-Grshimailo, 1891)

북방은점표범나비 수컷은 앞날개 성표가 한 줄이고, 암컷은 은점표범나비 암컷처럼 흑화형이 나오지 않는다. 암수 모두 아랫면의 은색 점이 작고, 밝은 흰색을 띠며, 흰 점이 많다. 다른 *Fabriciana*속과 비교하면 애벌레와 번데기 모두 모양이 다른데, 많은 개체를 확인하지 못해 연구가 더 필요하다. 학명은 러시아 도감 《Guide to the butterflies of Russia and adjacent territories》(Edited by V. K. Tuzov 외, 2000)를 따랐다.

한라은점표범나비

Fabriciana hallasanensis Okano, 1998

한라은점표범나비는 제주도 한라산 정상 부근에 분포하는 한국 고유종이며, 일본에서 발표한 논문 〈Okano, 1998〉을 토대로 학명을 적용했다. 수컷은 앞날개 성표가 한 줄이고, 암컷은 흑화형이 나오지 않는다. 암수 모두 아랫면에 은색 점이 약하게 나타나고, 전반적으로 연초록빛이 강하다. 애벌레 몸빛과 무늬도 국내 비슷한 다른 표범나비류와 달라서 따로 분류했다.

은점표범나비

긴은점표범나비

왕은점표범나비

산호랑나비

Papilio machaon Linnaeus, 1758

세계적으로 분포한다. 대륙마다 먹이식물이나 어른벌레와 애벌레 무늬가 다르지만, 대개 다른 종으로 분류하지 않는다. 제주도산 애벌레와 어른벌레 무늬가 내륙에 분포하는 애벌레나 어른벌레와 많이 달라 비교하는 측면에서 생활사 사진을 제주산과 내륙산을 함께 첨부했다.

산호랑나비(내륙산)

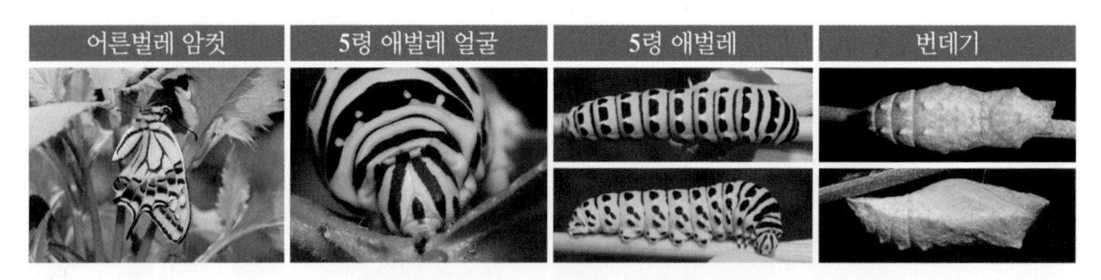

산호랑나비(제주산)

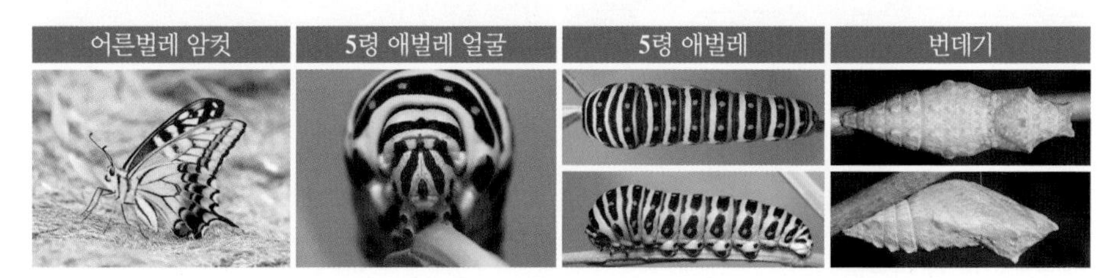

귤빛부전나비

Japonica lutea lutea (Hewitson, 1865)와 *Japonica lutea adusta* (Riley, 1930) 비교

우연히 상수리나무 꼭대기 부근에서 귤빛부전나비(아두스타) 알로 보이는 알을 13개 발견했다. 사육하며 처음에는 시가도귤빛부전나비라고 생각했는데, 3령 애벌레부터 다른 특징이 나타났다. 그동안 많은 귤빛부전나비(루테아) 알을 발견해 사육했지만, 산란 위치와 알의 모양, 알 표면 상태, 1~4령 애벌레 등이 달랐다. 귤빛부전나비의 독립된 아종으로 분류한 일본의 《The Zephyrus Hairstreaks of the World》를 인용했다. 어른벌레로 독립된 아종으로 분류하기에는 다른 점을 찾기 어려울 정도로 형태가 매우 비슷하다. 앞으로 연구가 더 필요하다.

귤빛부전나비(루테아) 사육 개체

귤빛부전나비(아두스타) 사육 개체

귤빛부전나비(루테아)

부화하는 장면

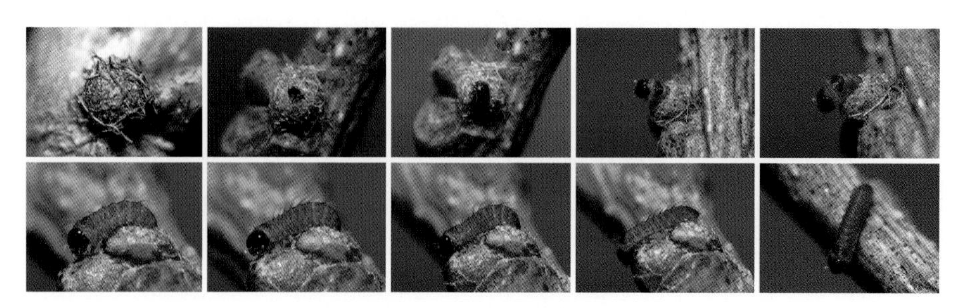

생활사 기간

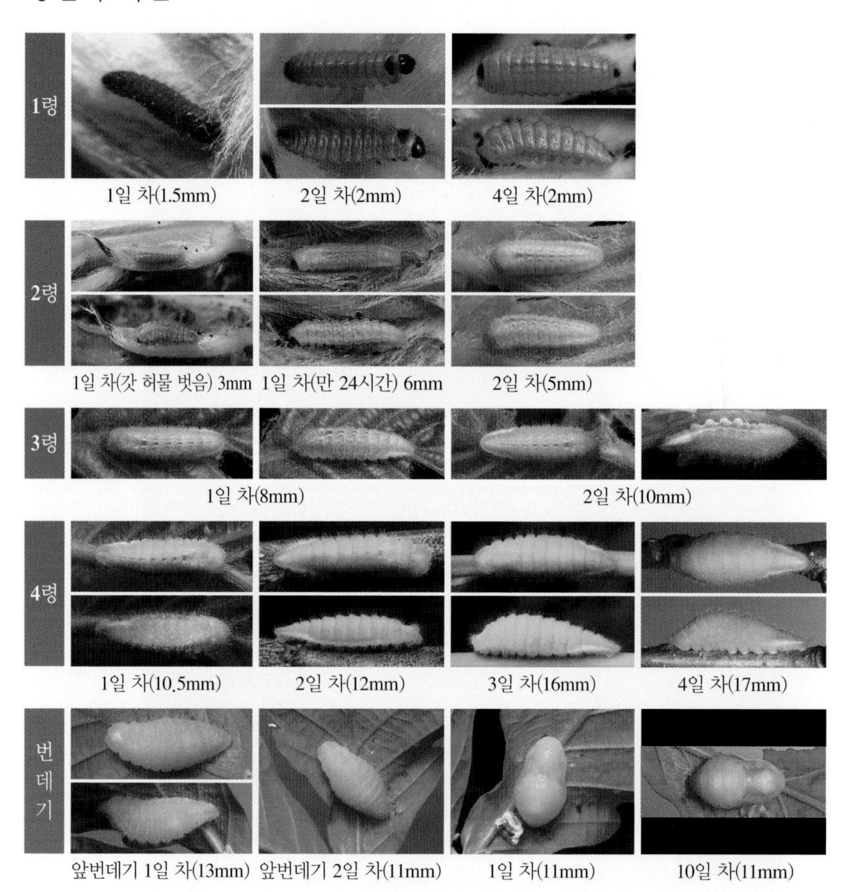

1일 차(1.5mm) 2일 차(2mm) 4일 차(2mm)

1일 차(갓 허물 벗음) 3mm 1일 차(만 24시간) 6mm 2일 차(5mm)

1일 차(8mm) 2일 차(10mm)

1일 차(10.5mm) 2일 차(12mm) 3일 차(16mm) 4일 차(17mm)

앞번데기 1일 차(13mm) 앞번데기 2일 차(11mm) 1일 차(11mm) 10일 차(11mm)

귤빛부전나비(아두스타)

부화하는 장면

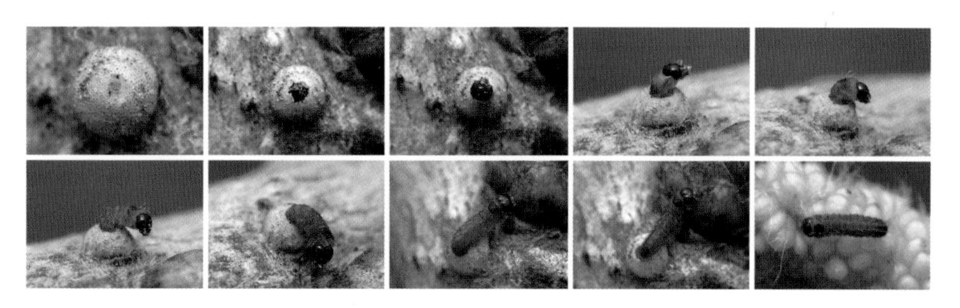

생활사 기간

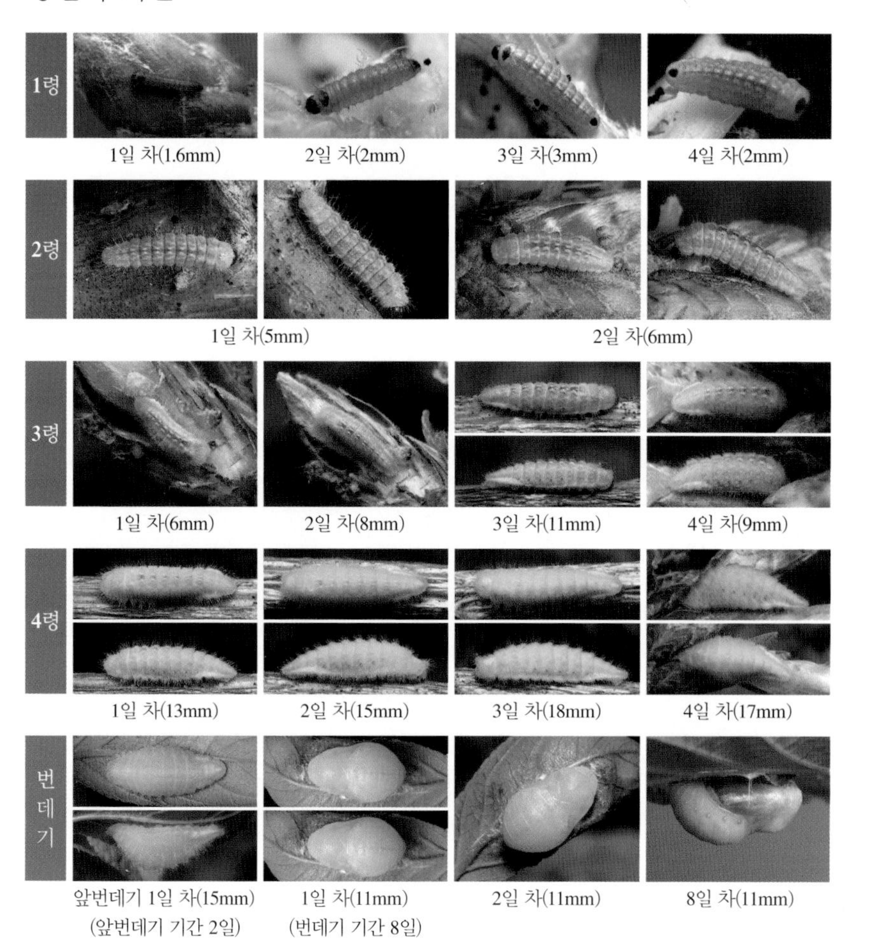

참산뱀눈나비와 함경산뱀눈나비

예전 도감에서는 참산뱀눈나비와 함경산뱀눈나비를 다른 종으로 분류했으나, 최근 DNA 염기 서열에 근거한 계통분석 결과 같은 종으로 보는 견해가 있다. DNA 염기 서열에 근거한 계통분석을 부정하는 것은 아니지만, 어른벌레 외형과 생태, 알, 애벌레 모양 등이 달라 다른 종으로 분류했다.

참산뱀눈나비

함경산뱀눈나비

범부전나비와 울릉범부전나비

범부전나비와 울릉범부전나비도 DNA 염기 서열에 근거한 계통분석 결과 같은 종으로 보는 견해가 있다. 어른벌레 외형과 생태적 특징을 고려해 다른 종으로 분류했다.

범부전나비

울릉범부전나비

나비의 천적

나비가 많다는 말은 무슨 뜻일까요? 나비는 종마다 애벌레 때 먹는 식물이 다릅니다. 다양한 식물을 먹어서 식물 에너지를 자연스럽게 동물 에너지로 바꿔, 자연 생태계를 유지하는 데 중요한 고리 역할도 합니다. 따라서 나비가 많다는 말은 나비와 더불어 사는 생물이 많다는 뜻입니다.

나비 한 마리가 낳는 알은 500~2000개입니다. 알과 애벌레 시기에 96% 정도는 천적의 먹이가 돼 사라지고, 4%만 어른벌레가 됩니다. 노린재, 고치벌, 사마귀, 잠자리, 개구리, 도마뱀, 새까지 나비를 먹이로 하는 생물이 참 많습니다. 생태계의 치열한 생존 경쟁에서 먹고 먹히는 관계는 당연한 일이지만, 나비는 알과 애벌레 때부터 기생벌이나 기생파리에 의해 기생 당하는 등 대부분 천적의 먹이가 돼 사라집니다. 하지만 천적은 생태계의 균형을 유지하고 건강한 생명력을 제공하는 역할을 합니다.

나비에게 가장 위협적인 존재는 생태계의 천적이 아니라 인간입니다. 자동차가 많아지면서 로드킬 당하거나, 가로등 불빛에 유인돼 죽는 나비도 상상 이상으로 많습니다. 하지만 나비에게 가장 큰 위협은 서식지 파괴입니다. 도로 정비나 개발로 먹이식물이 하루아침에 사라지고, 농약을 살포하면 나비가 먹이 활동을 할 수 없기 때문입니다.

최근에는 기후변화로 더 넓은 지역에서 나비의 서식지가 바뀌고, 기후변화에 적응하지 못한 나비가 점차 사라지고 있습니다. 어느새 한반도에 살던 나비 가운데 10여 종은 볼 수 없게 됐습니다. 도감에 남아 있을 뿐이죠. 간신히 그 명맥을 유지하는 나비 종류도 상당수입니다.

나비가 사라지는 원인은 종마다 다르고, 정확한 원인을 알아내기도 쉽지 않습니다. 나비 개체가 줄어들거나 사라지는 원인을 안다고 해도 대책을 세우기 쉽지 않습니다. 나비 한 종이 사라진다고 해도 우리가 살아가는 데 아무런 어려움이 없을지 모릅니다. 그런 나비가 우리 곁에 있었는지 모르는 사람들이 대부분일 겁니다. 하지만 나비가 사라지고 이들과 더불어 살아가는 많은 생물이 사라지면 결국 우리 삶도 온전치 못할 테지요.

나비는 건강한 생태계를 상징하는 지표입니다. 지금이야말로 기후와 환경 변화의 지표종인 나비에 관심을 두고 보호하는 일을 행동에 옮겨야 할 때입니다. 그렇지 않으면 우리는 나비의 아름다운 날갯짓을 더는 볼 수 없을지 모릅니다.

1. 알 기생

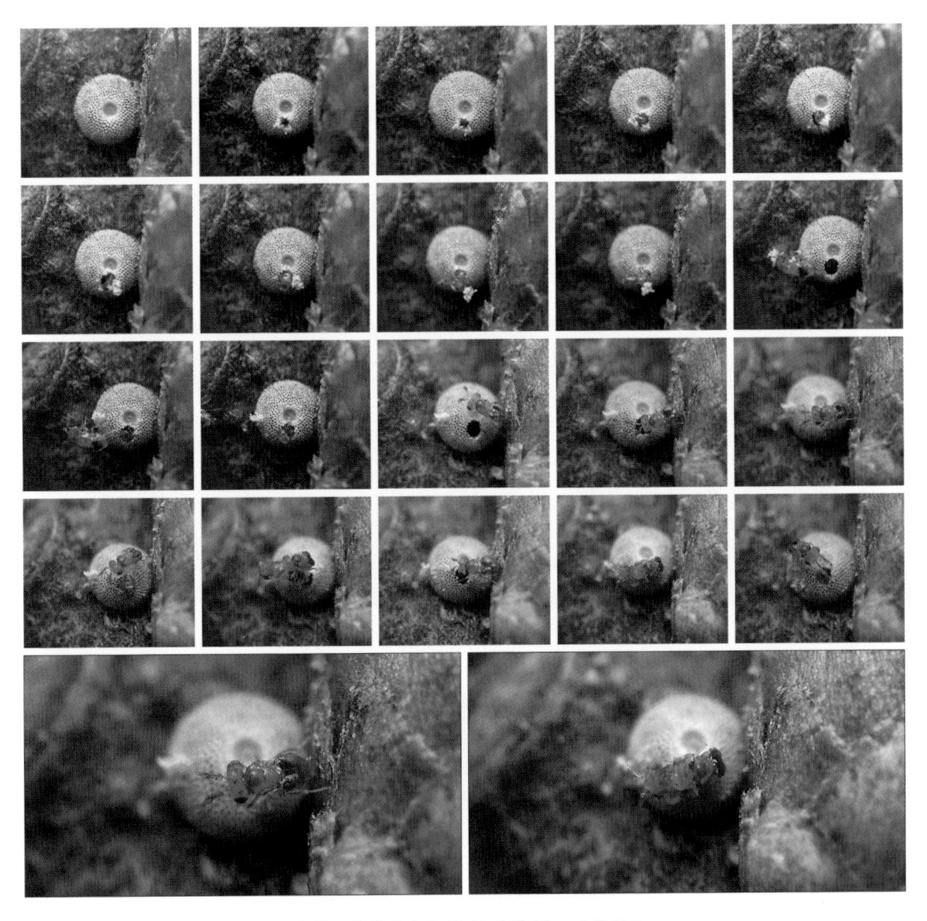

검정녹색부전나비 알에 기생하는 기생벌류

검정녹색부전나비 알에서 기생벌이 나왔다. 알 가운데로 나오는 나비애벌레와 달리 옆쪽에 구멍을 내고 나왔다. 첫 번째로 나온 기생벌은 암컷인지 나오자마자 날아갔다. 두 번째로 나온 기생벌 수컷은 탈출 구멍 주위를 배회하다가 세 번째로 나온 암컷과 짝짓기를 했다. 3~4초 정도로 매우 짧은 짝짓기 이후 암컷은 사라지고, 수컷은 탈출 구멍 주위를 지켰다. 네 번째와 다섯 번째로 나온 암컷과 짝짓기를 한 수컷은 기진맥진해서 탈출 구멍과 떨어진 곳에서 휴식을 취했다. 여섯 번째 기생벌은 나오자마자 날아가 버렸다. 작디작은 알에서 기생벌 6마리가 나왔다. 작은 기생벌의 한살이가 시작되는 장면이다.(2020. 03. 09 춘천)

돌담무늬나비 알에 산란하는 기생벌류

끝검은왕나비 알에 산란하는 기생벌류

꼬리명주나비 알에 산란하는 기생벌류

꼬리명주나비 알에 산란하는 기생벌류

2. 애벌레와 번데기의 천적과 기생

회령푸른부전나비 애벌레 체액을 먹고 있는 다리무늬침노린재 약충.

붉은점모시나비 애벌레 체액을 먹고 있는 주둥이노린재.

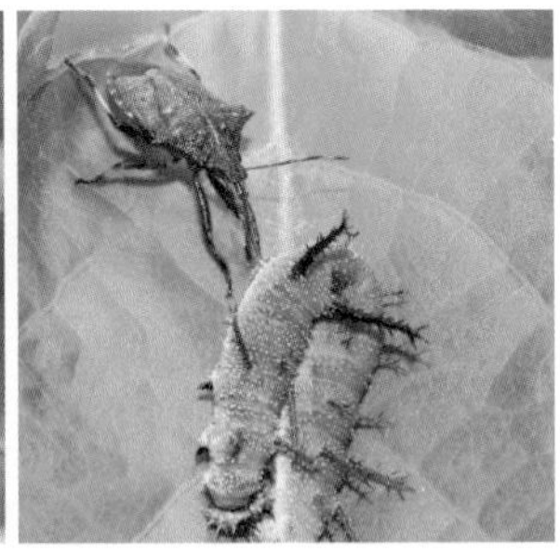

참줄사촌나비 애벌레 체액을 먹고 있는 주둥이노린재.

세줄나비 애벌레에 기생파리류가 산란했다.

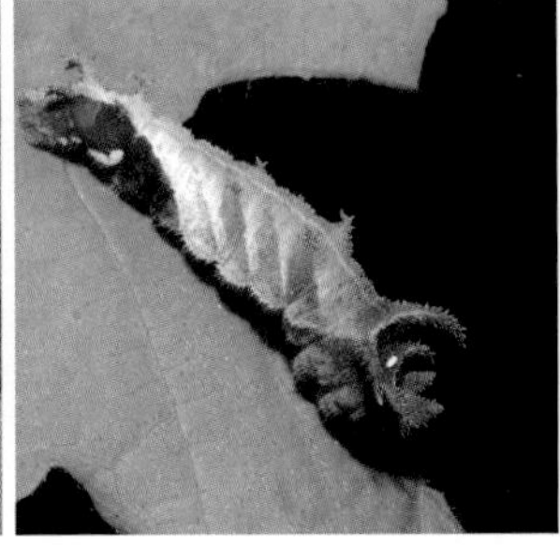

황세줄나비 애벌레에 기생파리류가 산란했다.

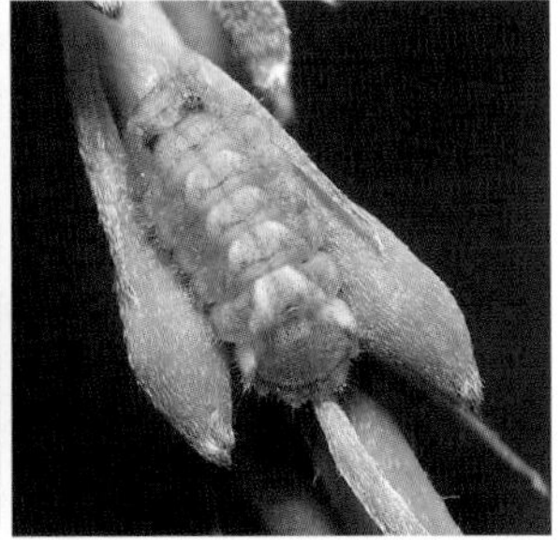

범부전나비 애벌레에 기생파리류가 산란했다.

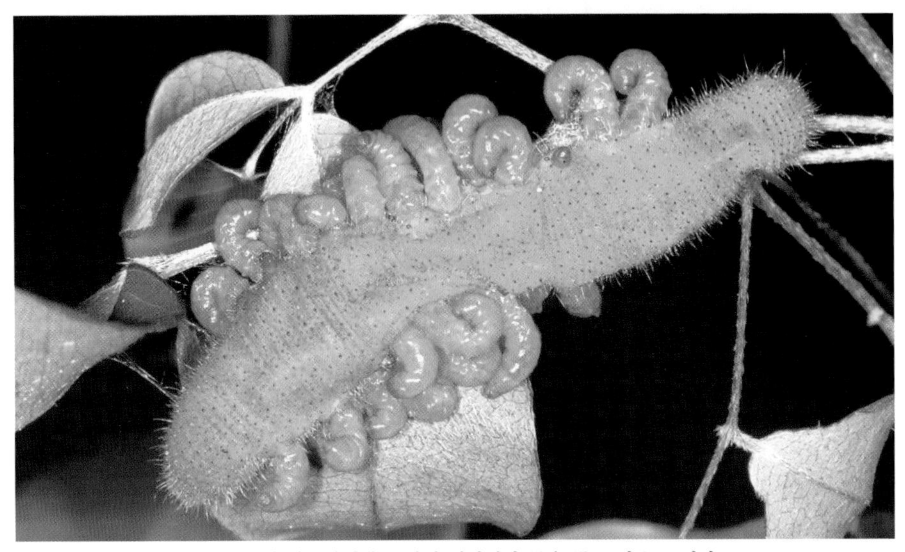

대만흰나비 애벌레에서 고치벌 애벌레가 몸을 뚫고 나오고 있다.

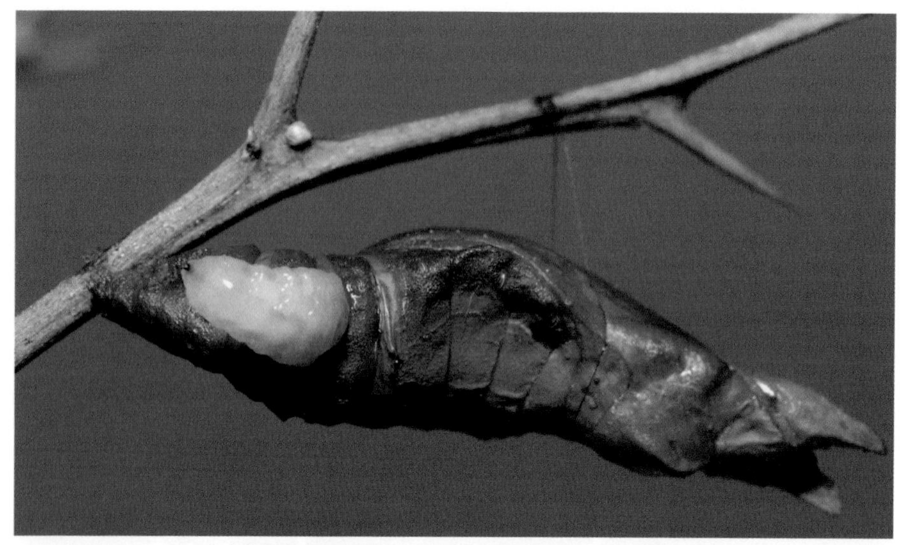

남방제비나비 번데기에서 기생파리류 애벌레가 나오고 있다.

함경산뱀눈나비 월동형 애벌레에서 기생파리류 2마리가 나왔다.

금강산귤빛부전나비 애벌레에서 기생파리와 맵시벌류가 나왔다.

밤오색나비 애벌레에서 기생벌류가 나왔다.

번개오색나비 3령 애벌레에서 기생벌 애벌레가 나와서 고치가 됐다.

2021년 10월, 강원도 화천군 해산령에서 황오색나비 2령 애벌레 4마리를 데려와 방 안에서 사육했다. 그중 1마리는 4령 애벌레에서 고치벌의 고치가 됐고, 1마리는 번데기에서 맵시벌이 나왔다. 다행히 2마리는 황오색나비 암수 1쌍이 됐다. 길이 3mm에 불과한 2령 애벌레가 기생당한다는 게 신기하다.

풀잠자리 애벌레가 산제비나비 2령 애벌레를 잡아먹고 있다. 풀잠자리 애벌레 1마리가 사육하는 산제비나비 애벌레 50여 마리 중 20여 마리를 잡아먹었다.

늑대거미류가 왕세줄나비 월동형 애벌레를 잡아먹고 있다.

박주가리과 식물은 자신의 줄기나 잎에 충격이 가해지면 잎에서 성장을 억제하는 물질을 분비한다. 이 물질을 먹고 자라는 왕나비, 별선두리왕나비, 끝검은왕나비는 더 이상 자라지 못하고 독성 물질을 토하며 죽어간다.

독성 물질을 토하며 죽어가는 별선두리왕나비 5령 애벌레.

독성 물질을 토하며 죽어가는 끝검은왕나비 5령 애벌레.

3. 어른벌레의 천적

나비 어른벌레의 가장 큰 천적은 인간이다.

대왕나비 암컷의 로드킬.

신선나비의 로드킬.

상제나비, 눈나비의 로드킬.

귤빛부전나비를 사냥하는 사마귀 약충.

왕은점표범나비를 사냥하는 검정파리매.

금강산귤빛부전나비를 사냥하는 마아키측범잠자리.

공작나비(왼쪽), 각시멧노랑나비를 사냥하는 게거미류.

산호랑나비(왼쪽), 담색어리표범나비를 사냥하는 게거미류.

독수리팔랑나비(왼쪽), 봄처녀나비를 사냥하는 게거미류.

참까마귀부전나비(왼쪽), 꼬마까마귀부전나비를 사냥하는 게거미류.

홍줄나비(왼쪽), 풀흰나비가 거미줄에 걸렸다.

산녹색부전나비(왼쪽)가 거미줄에 걸렸다. 넓은띠녹색부전나비가 물에 빠졌다.

©고춘선

긴꼬리딱새가 북방녹색부전나비를 새끼에게 먹이고 있다.

다람쥐가 배추흰나비를 잡아먹고 있다.

참고 문헌

김용식. 2002. 원색 한국나비도감. (주)교학사
백문기, 신유항. 2010. 한반도의 나비. 자연과 생태
백문기, 신유항. 2014. 한반도 나비도감. 자연과 생태
白水隆, 原章 1937. 原色日本蝶類幼蟲大図鑑 II. 保育社
白水隆, 原章. 1935. 原色日本蝶類幼蟲大図鑑 I. 保育社
白水隆. 2006. 日本産蝴蝶標準圖鑑. 學研
福田晴夫, 浜榮一, 葛谷建, 高橋昭, 高橋眞弓, 田中番, 田中洋, 若林守男, 渡辺康之. 1959. 原色日本 蝶類生態圖鑑 IV. 保育社
福田晴夫, 浜榮一, 葛谷建, 高橋昭, 高橋眞弓, 田中番, 田中洋, 若林守男, 渡辺경之. 1958. 原色日本 蝶類生態圖鑑 II. 保育社
福田晴夫, 浜榮一, 葛谷建, 高橋昭, 高橋眞弓, 田中番, 田中洋, 若林守男, 渡辺경之. 1959. 原色日本 蝶類生態圖鑑 I. 保育社
福田晴夫, 浜榮一, 葛谷建, 高橋昭, 高橋眞弓, 田中番, 田中洋, 若林守男, 渡辺경之. 1959. 原色日本 蝶類生態圖鑑 III. 保育社
徐堉峰. 2013. 臺灣蝴蝶圖鑑 上. 晨星出版
徐堉峰. 2013. 臺灣蝴蝶圖鑑 中. 晨星出版
徐堉峰. 2013. 臺灣蝴蝶圖鑑 下. 晨星出版
손정달. 2018. Life Cycles of Korea Apaturine Butterflies. Korea National Arboretum
심은산. 2013. Zephyrus I Favonius 9 species. 나무심은산
呂至堅, 陳建仁. 2014. 蝴蝶生活史圖鑑. 晨星出版
이상현. 2019. 한국 나비애벌레 생태도감. 광문각
李俊延, 王效岳. 2002. 台灣蝴蝶圖鑑. 猫頭鷹
林春吉, 蘇錦平. 2013. 台灣蝴蝶大圖鑑. 綠世界
林春吉. 2015. 台灣賞蝶 365 秋冬. 綠世界
林春吉. 2015. 台灣賞蝶 365 春夏. 綠世界
주흥재, 김성수, 김현채, 손정달, 이영준, 주재성. 2021. 한반도의 나비. 지오북
Haruo Fukuda, Norihisa minotani. 2017. Neptis pryeri group of Japan abd the World. Mushi-Sha
IGARASHI Yuri. 2001. The Butterflies of Central Mongolia. STAGE
Pisuth EK-AMNUAY. 2012. BUTTERFLIES OF THAILAND 2nd revised Edition. Baan Lae Suan Amarin Printing. Bangkok.
Satoshi Koiwaya. 2007. The Zephyrus Hairstreaks of the World. Mushi-Sha
Takashi Hasegawa. 2020. Subtribe Theclina of Japan. Mushi-Sha
V.K. Tozov. 2000. GUIDE TO THE BUTTERFLIES OF RUSSIA AND ADJACENT TERRITORIES VOLUME 2. Pensoft Publishers
V.K. Tuzov. 1997. GUIDE TO THE BUTTERFLIES OF RUSSIA AND ADJACENT TERRITORIES VOLUME 1. Pensoft Publishers
Vadim Tshikolovets, Oleg Kosterin, Pavel Gorbunov, Roman Yakovlev. 2016. THE BUTTERFLIES OF KAZAKHSTAN. PARDUBICE
VADIM V. TSHIKOLOVETS. 2005. THE BUTTERFLIES OF KYRGYZSTAN. BRNO-KYIV

찾아보기

마

바

사

아

자